Kirsten Wolf

Spiel & Sport für Hunde

Weltbild

1 Spiel und Sport – warum das so wichtig ist

Auf die richtige Beschäftigung kommt es an 8
Vom Arbeitskumpel zum Sozial- und Freizeitpartner ... 8
Was Hund und Mensch Spaß macht 9
Praxis-Tipp: Schlechte Laune ist tabu 9
Jeder Hund ein Charakterkopf 10
Futterspiele – einfach und lecker 10
Praxis-Tipp: Vokabelheft anlegen 11
Such- und Bringspiele für Spürnasen 11
Bewegungsspiele sorgen für Kondition 11
Kunststücke für vierbeinige Showtalente 12
Denkspiele halten fit im Kopf 12
Spielen ohne Stressfaktor 13
Praxis-Tipp: Niemals allein spielen lassen! 13
Test: Vertraut Ihr Hund Ihnen 15

2 Spielspaß für drinnen und draußen

Futterspiele – einfach und lecker 18
Karton und Kissenberg 19
Praxis-Tipp: Sie bestimmen die Spielzeiten 19
Die Handtuch-Rolle 22
Die Futterflasche 24
Der Leckerli-Loop 26
Kind und Hund 28
Such- und Bringspiele für Spürnasen 30
Schatzsuche drinnen 31
Schatzsuche draußen 34
Das Apportieren 36
Die Futterbeutel-Suche 38
Clickertraining 40

Das Dufttuch finden 42
Verloren und bringen 44
Richtig loben und belohnen 46
Die Schnüffelspur 48
Auf zur Personensuche 50
Bewegungsspiele sorgen für Kondition 52
Hindernis umrunden 53
Slalom durch die Beine 56
Das Hunderennen 58
»Bergsteigen« leicht gemacht 60
Durch den Reifen springen 62
Das »Baumtouch« 64
Mit dem Hund unterwegs 67
Kunststücke für vierbeinige Showtalente 68
Das High Five 69
Die Rolle 72
Sprung durch die Arme 74
Sprung auf den Rücken 76
Rückwärts gehen 78
»Twist« oder sich drehen 80
Sprung durch die Beine 82
Spielzeug aufräumen 84
Kappe vom Kopf holen 86
Die perfekte Verbeugung 88
Denkspiele – halten fit im Kopf 90
Das Becher-Spiel 91
Folge meinem Blick 94
Finde das Richtige 96
Ein Spiel für Tüftler 98
Gehe zu ... 100
Zieh heraus 102
Mit dem Hund im Büro 104

3 Begeisterte Sportler auf vier Pfoten

Ein sportliches Team: Mensch & Hund 108
Joggen und Walken baut Kondition auf 109
Praxis-Tipp: Sicherheit für Ihren Hund 110
Fahrrad fahren mit dem Hund als Begleiter 112
Praxis-Tipp: Warum Hunde hecheln 115
Wandern mit Hund – eine feine Sache 116
Mit dem Hund am Wasser 118
Experten-Tipp: Wenn doch etwas passiert ist 119
Mit Hund und Pferd unterwegs 122
Mitmachen trotz Handicap 124
Die richtige Sportart für jeden Hund 126
Spaß steht beim Sport an erster Stelle 127
Praxis-Tipp: Immer freudig vom Platz gehen 128
Praxis-Tipp: »Agility-Parcours« im Garten 132
Dog-Frisbee – ein Sport mit Showcharakter 134
Praxis-Tipp: Frisbee als Freizeitspaß 135
Flyball – ein Ballspiel für Könner 136
Motivation ist alles 139
Dog Dance – Tanz mit dem Hund 140
»Mantrailing« Person gesucht! 142
»Obedience« – eine Sportart mit viel Disziplin 144
Experten-Tipp: Frühe Erfolge 145
Praxis-Tipp: Fit für die Prüfung 146
Fährtenarbeit für anspruchsvolle »Spürnasen« 148
Arbeit der Rettungshunde 150
Schlittenhunde-Rennen und Nordic Style 152
Praxis-Tipp: Mit dem Hund auf die Loipe 153
Turnier-Hundesport 154
Zughunde-Sport 156
Hunde mit Handicap 158

4 Gesund und glücklich

Richtig füttern sorgt für Wohlbefinden 162
Der Rippentest 162
Spezialfutter im Krankheitsfall 163
Gesund und fit für Spiel und Sport 164
Knochen haben ein langes Gedächtnis 164
Test: Wie fit ist Ihr Hund? 165
Kleine sind schneller ausgewachsen 166
Schritt für Schritt zur Sportfigur 166
Gesundheitscheck 166
Praxis-Tipp: Soforthilfe bei Sportverletzungen 166
Erste Hilfe und Hausapotheke für den Vierbeiner 167
Wellness für Körper und Seele 168
Zeit für Zärtlichkeit 168
Praxis-Tipp: Warm up and cool down 168
Massage-Praxis 169

5 Spiele und Sportarten auf einen Blick

Tabellenübersicht 177
Tipps zur Hundefotografie 182
Sachregister 184
Adressen und Literatur 188
Impressum 192

SPIEL UND SPORT – WARUM DAS SO WICHTIG IST

Hunde sind intelligent. Sie wollen gefördert und gefordert werden. Doch jeder Vierbeiner hat unterschiedliche Interessen und Fähigkeiten. Finden Sie gemeinsam mit Ihrem Hund heraus, welche Beschäftigungsidee Ihnen beiden gleichermaßen Spaß macht.

Auf die **richtige Beschäftigung** kommt es an

Wir Menschen sind die besten Freunde der Hunde. Diese Aussage wird Sie als Hundehalterin oder -halter nicht besonders überraschen – erleben Sie es doch täglich. Das größte Vergnügen bereiten Sie Ihrem Vierbeiner, wenn Sie Zeit für ihn haben. Und diese Tatsache ist in der Verhaltensbiologie einzigartig: Es gibt wohl keine weitere Tierart, die den Menschen als Sozialpartner den eigenen Artgenossen vorzieht. Das heißt nun keinesfalls, dass Hunde keine Artgenossen brauchen – im Gegenteil: Der regelmäßige Kontakt zueinander, das Spielen miteinander sind wichtig für eine ungestörte Entwicklung und die Fähigkeit, sich im Umgang mit anderen Hunden richtig zu verhalten. Doch ohne den Partner Mensch, der sich wohlmeinend um den Hund kümmert, gelingt die soziale Entwicklung eben auch nicht. Der Vierbeiner braucht uns Zweibeiner. Nicht nur in puncto Ernährung und Gesundheit ist er auf uns angewiesen. Vor allem sein Seelenfrieden, seine Ausgeglichenheit und Umgänglichkeit hängen davon ab, ob wir, also »seine« Menschen, uns mit ihm auseinandersetzen, ihn beschäftigen und ihn zu einem partnerschaftlichen Begleiter in der gemeinsamen Welt erziehen.

Vom Arbeitskumpel zum Sozial- und Freizeitpartner

Die Herkunft und die Geschichte des Haushundes belegen, welche Entwicklung sein Stellenwert im Laufe der Jahrtausende für die Menschen genommen hat. Vom Rudeltier Wolf wurde er zum verlässlichen Arbeitsgehilfen des Menschen: Er begleitete ihn auf die Jagd, stöberte Wild auf und apportierte es – immer in enger Zusammenarbeit mit dem Menschen. Seine meisterliche Fähigkeit zur Kommunikation machte ihn zum Assistenten bei vielen weiteren Tätigkeiten. Der Hund hütete und beschützte das Vieh, er bewachte Haus und Hof, er zog Schlitten und Milchwagen – und er wurde zum unentbehrlichen Kumpel, mit dem man nicht nur den arbeitsreichen Alltag, sondern Freud und Leid teilen konnte. Freund ist er uns geblieben. Doch seit dem Wandel der Gesellschaft vom Agrar- über das Industrie- hin zum Informationszeitalter hat der

Kleiner Kerl, großer Spaß: Das Ballspiel lieben viele Vierbeiner über alles. Deshalb eignet es sich ideal als »Belohnung« nach einer Konzentrationsübung.

Spielerisch lernen: An der selbst gebauten Stange mit Flatterstreifen probiert der Junghund seinen Mut aus.

Hund keine Aufgabe mehr. Er ist arbeitslos geworden. Das gilt zumindest für »moderne« Gesellschaften, die den Wandel bereits vollzogen haben und dem Haustier heute einen anderen Stellenwert einräumen: Der »moderne« Hund ist nicht mehr Arbeitskumpel, sondern vor allem Sozial- und Freizeitpartner. Er lebt wie ein Familienmitglied mit uns in einer Gemeinschaft.

Was Hund und Mensch Spaß macht

Für echte Hundefreunde ist die »Arbeitslosigkeit« ihres Vierbeiners durchaus eine Herausforderung. Denn in unserem hektischen Alltag kann es schon mal passieren, dass wir das Bedürfnis unseres Vierbeiners nach Beschäftigung unterschätzen.
Dabei ist es gar nicht so schwierig, »tierische Langeweile« zu vertreiben. Seine Intelligenz und seine Bezogenheit auf den Menschen machen es möglich, den Hund in viele Lebensbereiche aktiv einzubeziehen. Ob beim täglichen Spaziergang oder daheim in den eigenen vier Wänden, ob in der Freizeit, im Urlaub oder sogar im Büro.
Es gibt unzählige Beschäftigungsmöglichkeiten, die nicht nur Ihrem Hund, sondern auch Ihnen bestimmt richtig viel Spaß machen. Eine ganze Reihe davon stellen wir Ihnen in diesem Buch vor: Hundesportarten wie Agility, Flyball, Frisbee, Dogdance oder Obedience, Freizeitsport mit dem Hund als Begleiter, wie Radeln, Wandern, Schwimmen oder

PRAXIS-TIPP

Schlechte Laune ist tabu

Hunde spüren, in welcher Stimmung wir gerade sind. Unsere Verärgerung darüber, dass ein Spielschritt nicht so klappt wie gewünscht, kommt direkt bei ihnen an – als »kalte Dusche« gewissermaßen, obwohl sie uns doch ihr Vertrauen entgegengebracht haben und sich motivieren ließen. Beim Spiel soll es jedoch vor allem um Spaß und Freude gehen und nicht ums reibungslose Funktionieren. Schrauben Sie die Anforderungen so weit herunter, bis der Hund Ihnen wieder folgen kann und vergessen Sie nie ein ehrlich gemeintes Lob, wenn ihm etwas gelungen ist.

Joggen und jede Menge Spielübungen, die Sie leicht in den Alltag einbauen können – von einer einfachen Leckerli-Suche wie beispielsweise die »Handtuch-Rolle« (→ Seite 22/23) über lustige Kunststücke etwa »Durch den Reifen springen« (→ Seite 62/63) bis hin zu kniffligen Denkaufgaben wie zum Beispiel »Das Becher-Spiel« (→ Seite 91).

Jeder Hund ein Charakterkopf

Wer einen Hund einer bestimmen Rasse hat, weiß in der Regel, was seinem Vierbeiner in die Wiege – sprich, in die Gene gelegt wurde. Besitzer von Mischlingshunden versuchen herauszufinden, welche Rassen wohl an ihrem gelungenen Mix beteiligt waren – um daraus auf eventuelle Neigungen und Vorlieben zu schließen. Das ist ein guter Weg, den eigenen Hund besser einschätzen zu können und ihm entsprechende Beschäftigung zu bieten. Und doch: Jeder Hund, ob Rasse- oder Mischlingstyp, ist einzigartig. Unsere Vierbeiner haben einen individuellen Charakter, der wesentlich mit darüber bestimmt, was Ihr Hund mag und was er nicht so gern mag, was ihm auf Anhieb gelingt und wofür er ein bisschen länger braucht. Hinzu kommt seine Kindheit: Was er als Welpe und Junghund in den ersten Wochen und Monaten seines Lebens erfahren und gelernt bzw. nicht gelernt hat, prägt sein Verhalten womöglich stärker noch als alles andere. Deshalb gilt für alle Hundebesitzer, ob sie ihren Hund von klein auf an bei sich haben oder erst später seine »Hundeeltern« wurden: Beobachten Sie Ihren Vierbeiner genau.

Die passende Beschäftigung für jeden Hunde-Individualist

Versuchen Sie, die Reaktionen Ihres vierbeinigen Lieglings zu verstehen. Lernen Sie, wie er Frust, wie er Freude äußert, wann er überfordert zu sein scheint und was ihm besonders leicht- oder besonders schwerfällt. Dann können Sie aus der Vielzahl von Beschäftigungsmöglichkeiten, ob Spiel oder Sport, genau das Richtige für ihn heraussuchen.

Vergessen Sie vor lauter Einfühlungsvermögen in Ihren Hund aber nicht, auch Ihre eigenen Interessen in die Auswahl einzubeziehen. Denn nur, wenn eine Spiel- oder Sportart beiden – Hund und Halter – so richtig Spaß macht, wird eine runde Sache draus. Nehmen Sie sich die Zeit, in Ruhe auszuprobieren: Passt Agility nicht hundertprozentig, dann haben Sie beide vielleicht an der Fährtenarbeit mehr Spaß – oder Sie belegen einen Dogdance-Kurs und finden hier genau das Richtige für Ihr »Talent auf sechs Beinen«.

Viele Hundeschulen und Vereine bieten heute eine so breite Palette an Spiel- und Sportmöglichkeiten an, dass Sie dort sicher fündig werden – und mit professioneller Anleitung zum souveränen »Coach« für Ihren Vierbeiner werden. Um Ihnen die Auswahl bei den Spielen und die Entscheidung, was gerade in Ihren Zeit- und Trainingsplan passt, zu erleichtern, haben wir die Spiele in fünf verschiedene Kategorien eingeteilt.

Futterspiele – einfach und lecker

Futterspiele »schmecken« den meisten Hunden richtig gut, denn einen Leckerli zwischendurch ist immer eine feine Sache.

Bei diesen Spielen können sich unsere Vierbeiner mit etwas Aufmerksamkeit und Geschick einen Teil ihrer täglichen Futterration »verdienen« – und lernen zugleich, dass es sich so richtig lohnt, mit voller Konzentration bei Ihnen zu sein. Außerdem sind diese Spiele meist so einfach aufgebaut, noch dazu mit Dingen, die man eigentlich immer im Haushalt hat, dass sie sich schnell mal zwischendurch einschieben lassen – für mehr Abwechslung im gemeinsamen Alltag. Sie eignen sich zudem oft schon für Welpen und überfordern auch die Senioren unter den Vierbeinern in der Regel nicht (→ ab Seite 18).

»Mach mal Pause!«: Jeder Spaziergang mit Hund wird spannender für Zwei- und Vierbeiner, wenn ein paar fröhliche, aktive Spielpausen eingelegt werden.

PRAXIS-TIPP

Vokabelheft anlegen

»Bleib«, »Stopp«, »Halt« – ja was denn nun?! Für Ihren Vierbeiner ist es wichtig, dass er eindeutige Signale erhält. Das gilt gleichermaßen für Wort- und Körper-Signale, über die Sie sich mit ihm verständigen. Legen Sie sich am besten ein kleines Vokabelheft an, in das Sie alle Signale eintragen (und ihre jeweilige Ausführung), die Ihr Hund von Ihnen bzw. von Familienmitgliedern gelernt hat. Das hat außerdem den Vorteil, dass jeder nachschlagen kann, was der Hund alles beherrscht und wie man es richtig abruft. Sie werden staunen, was da alles an »Vokabeln« zusammenkommt!

Such- und Bringspiele für Spürnasen

Diese Spiele entwickeln ganz schnell einen »Suchtcharakter«: Viele Hunde lieben es, ihre hervorragende Nasenleistung unter Beweis stellen zu dürfen und damit auch noch Herrchen und Frauchen so richtig zu begeistern. Es ist ein tolles Erlebnis, den eigenen Hund dabei zu beobachten, wie er plötzlich eine Fährte aufnimmt (extra für ihn gelegt), oder wie er der Spur einer ihm fremden Person folgt. Einige dieser Spiele brauchen etwas mehr Zeit und Geduld, bis der Hund jeden Schritt verstanden hat und ihn umsetzen kann. Natürlich bietet Ihnen dieser Ratgeber Such- und Bringspiele, die drinnen oder draußen für einen kurzweiligen Spielspaß sorgen: Eine kleine »Schatzsuche« zum Beispiel oder das »Dufttuch« finden(→ ab Seite 30).

Bewegungsspiele sorgen für Kondition

Diese Spiele sorgen nicht nur für eine gute Kondition, sondern auch für einen abwechslungsreichen Spaziergang. Außerdem erfüllen sie ein Grundbe-

dürfnis unserer Hunde, die nun einmal ursprüngliche Lauftiere sind. Dabei geht es nicht einfach nur um Tempo oder Ausdauer, sondern auch um die Fähigkeit, genau auf die jeweilige Spielaufgabe zu achten und sie präzise auszuführen. Wer sich unterwegs immer wieder mal ein Spielchen einfallen lässt, bleibt außerdem spannend für seinen Hund und bringt so auch eher »weitschweifende« Vierbeiner leichter dazu, ihre Aufmerksamkeit wieder auf Herrchen oder Frauchen zu lenken (→ ab Seite 52).

Kunstsücke für vierbeinige Showtalente

Kleine Kunststücke mit Ihrem Vierbeiner einzuüben sind eine gute Gelegenheit, besonders anschaulich zu zeigen, wie gut die Teamarbeit zwischen Ihnen beiden klappt. Denn Sie trainieren ohne Druck und ohne Drill erstaunliche Fertigkeiten miteinander, die nur funktionieren, wenn Ihr Hund, aber auch Sie selbst ganz bei der Sache sind. Viele der Kunststücke lassen sich – wenn sie gründlich einstudiert wurden – gut in den Alltag einbauen und sorgen so für willkommene Abwechslung, sei es nun Zuhause, während des Spaziergangs oder bei einer Trainingseinheit auf der Wiese im Garten oder Park (→ ab Seite 68).

Denkspiele halten fit im Kopf

Diese Spiele bringen vor allem die grauen Zellen unserer Vierbeiner richtig auf Trab: Hier geht es ums Kombinieren. Hunde haben eine hohe Intelligenz, was beispielsweise ihre Merkfähigkeit zeigt, und sie können Ursache und Wirkung erkennen. Probieren Sie doch einfach mal aus, wie schnell Ihr Hund begreift.
Aber nicht vergessen: Denken strengt an, das gilt für Mensch und Tier gleichermaßen. Deshalb auch diese vermeintlich »ruhigen« Spiele immer nur in Maßen auf den Spielplan setzen und anschließend für Entspannung sorgen – zum Beispiel mit einem Spaziergang oder mit einer kleinen Runde Toben (→ Seite 47).

Aufeinander eingehen

Das Tolle an den vielen Beschäftigungsmöglichkeiten ist: Miteinander spielen bedeutet auch, miteinander zu lernen. Ihnen gelingt es durch die intensive Beschäftigung mit dem Hund immer besser, seine Reaktionen richtig zu deuten und mit klaren Signalen und eindeutiger Körpersprache zu lenken (→ Praxis-Tipp, Seite 11). Ihr Hund trainiert dabei seine Konzentrationsfähigkeit und seine Ausdauer, aber auch seine Disziplin. Er wird zu

Eine runde Sache: Mit etwas Fantasie finden sich viele einfache Spielideen, die dem Hund Spaß machen – wie hier ein exaktes »Platz« im »Hula-Hoop-Reifen«.

Pure Lebensfreude: Hunde, die ihren Bewegungsdrang mit Spiel und Sport austoben dürfen, sind glücklich.

einem stets aufmerksamen Begleiter, der immer neugierig darauf ist, was Sie sich als Nächstes für ihn ausgedacht haben.

Spielen ohne Stressfaktor

Ein »Bespielen« des Vierbeiners von morgens bis abends ist nicht Sinn der Sache. Jeder Hund braucht auch mal seine Ruhe, ebenso wie Herrchen und Frauchen. Mensch und Hund haben ein Recht darauf. Beschäftigungsstress soll also nicht aufkommen, wenn Sie sich vornehmen, die Zeit mit Ihrem Hund aktiv zu gestalten, im Gegenteil. Es geht darum, das Miteinander bewusst zu erleben, die tatsächlichen Bedürfnisse des Hundes wahrzunehmen, seine Fähigkeiten so zu lenken und zu schulen, dass er zufrieden ist – und auch er Sie mal in Ruhe lässt, wenn Sie gerade keine Zeit für ihn haben. Einen kleinen Trick, wie Sie das auch Spiel-Freaks klarmachen, finden Sie im Praxis-Tipp auf Seite 19. Passen Sie das Spiel- und Sportprogramm unbedingt dem Temperament, dem Alter und dem Charakter Ihres Hundes an, und natürlich Ihrem eigenen Lebensrhythmus. Ihr Hund muss nicht ständig der Mittelpunkt Ihres Lebens sein, sondern

PRAXIS-TIPP

Niemals allein spielen lassen!

Wenn Sie Ihrem Hund beispielsweise beim Flaschendrehen (→ Seite 24/25) zuschauen, werden Sie erkennen, warum Sie beim Spielen immer dabei sein sollten: Je nach Räumlichkeit, in der gespielt wird, manövriert der Hund die Flasche schnell mal in einen Winkel oder unter eine Kommode und bekommt die Flasche selbst nicht wieder heraus. Auch die Beschäftigung mit einem Karton, in dem Leckerlis versteckt sind (→ Seite 19), kann – mit etwas Pech – zur Falle werden. Ganz gleich, womit Sie Ihren Hund beschäftigen: Lassen Sie ihn nicht allein mit seiner Aufgabe, sondern leisten Sie ihm immer Gesellschaft. So können Sie sofort eingreifen, wenn er mal in frustrierende oder gar gefährliche Situationen gerät.

braucht eine ausgewogene Mischung aus unterschiedlichen Reizquellen und Ruhephasen.
Dazu gehören ausreichend Sozialkontakte mit anderen Hunden, Spaziergänge mit genügend Gelegenheit zum Austoben und Schnüffeln, Begegnungen mit anderen Menschen, und – wohldosiert – ein Beschäftigungsprogramm, das zu Ihrem und zum Temperament des Hundes passt.
Deshalb ist es auch so wichtig, die Anforderungen bei Spiel und Sport nicht zu übertreiben. Bauen Sie Spiele ohne Hektik und allmählich auf, und verschieben Sie einen neuen weiterführenden Schritt lieber auf einen nächsten Tag. Ohnehin gilt auch beim Spielen mit dem Hund: Aufhören, wenn's am schönsten ist. Klappt also etwas richtig gut, freuen Sie sich riesig mit Ihrem Hund und lassen es bei diesem kleinen Triumph bewenden – das festigt das Gelernte allemal besser als ein Ehrgeiz, der die Motivation und Lernfähigkeit Ihres Vierbeiners überstrapaziert. Nicht schnelle Erfolge sollten deshalb Ihr Ziel sein, sondern Spaß und Freude am Miteinander, und eine feste Bindung zueinander, die aus Ihrem Vierbeiner einen umweltsicheren, sozialverträglichen und glücklichen Hund macht – kurzum: Ihren »Traumtyp auf vier Pfoten«.

Zwei, die zusammengehören: Das schönste Geschenk, das der Hund uns dank einfühlsamer Beschäftigung mit ihm machen kann, ist eine tiefe und vertrauensvolle Bindung.

PRAXIS-TIPP

Entspannung pur: Toben und Kuscheln

Sich zu konzentrieren strengt an – das geht Mensch und Tier so. Da ist ein »freies Spiel«, wie zum Beispiel einfach mal gemeinsam an einem Tau zerren, miteinander auf dem Boden rangeln, einen Ball oder ein Spielzeug werfen, Erholung pur für beide. Vor allem wenn Sie das Gefühl haben, ein Spiel oder eine sportliche Aufgabe hat Ihrem Hund so richtig Kopfarbeit abverlangt, legen Sie eine Spielpause dieser Art ein. Allerdings auch hier immer darauf achten, dass der Hund Grenzen einhält, also nicht zu heftig wird, und Ball und Spielzeug nicht als »Beute« vor Ihnen versteckt, sondern wieder abgibt. Und wenn Ihr Hund ein Kuscheltyp ist, freuen Sie sich darüber und gönnen Sie ihm immer wieder mal ein paar zärtliche Minuten oder eine kleine Massage (→ Seite 169).

Test: **Vertraut Ihr Hund Ihnen?**

Die folgenden Fragen sollen Ihnen helfen, Ihre Beziehung zu Ihrem Hund auf dem »Bindungs-Barometer« richtig einzuordnen.

1. Wenn ich mit meinem Hund ohne Leine spazieren gehe ...

A ◯ ... ist er immer in meiner Nähe
B ◯ ... passiert es schon mal, dass er aus meinem Sichtfeld gerät
C ◯ ... geht er eher eigene Wege, auch weit entfernt von mir

2. Wenn ich meinen Hund mit Namen anspreche ...

A ◯ ... schaut er mich immer erwartungsvoll an
B ◯ ... erkenne ich an seiner Körperhaltung, dass er mich gehört hat, muss ihn aber oft ein zweites oder drittes Mal ansprechen, damit er mich anschaut
C ◯ ... reagiert er sehr oft gar nicht

3. Meinen Hund kann ich überall anfassen, er zeigt niemals eine Abwehrreaktion (Knurren, Zähnezeigen, Schnappen)

A ◯ stimmt immer
B ◯ stimmt fast immer
C ◯ stimmt eher nicht

4. Die Übungen, die mein Hund bereits sicher beherrscht, führt er ...

A ◯ ... immer bereitwillig aus
B ◯ ... öfter auch mal eher ungern aus (lässt sich »bitten«)
C ◯ ... nicht gern aus, so, als habe er keinen Spaß daran

5. Wenn mein Hund sich im Alltag vor etwas erschreckt oder Angst hat ...

A ◯ ... guckt er sofort mich an, nach dem Motto: »Was meinst du dazu?«
B ◯ ... kommt er nicht unbedingt zu mir
C ◯ ... kann es passieren, dass er davonläuft

AUSWERTUNG

Welche Antworten haben überwogen: A, B oder C?

Ⓐ **Klare Rollenverteilung:** Ihr Hund fühlt sich bei Ihnen sicher und gut verstanden, deshalb kooperiert er gern mit Ihnen. Er akzeptiert Sie als Team-Chefin oder Team-Chef und ist immer bemüht, Ihnen eine Freude zu machen. Das ist nicht selbstverständlich: Vergessen Sie nicht, ihn für sein motiviertes Mitmachen wirklich immer zu loben.

Ⓑ **Der »Ja, aber ... -Typ«:** Mal klappt es schon sehr gut, dann wieder scheint alles vergessen: Ihr Hund orientiert sich in der Regel an Ihnen, doch öfter mal entscheidet er ganz gern selbst – vielleicht, weil ihm klare Ansagen fehlen. Trauen Sie sich ruhig, freundlich, aber bestimmt den Ton anzugeben. Bei Spiel und Sport geht das besonders gut, weil hier Konsequenz und Spaß Hand in Hand gehen.

Ⓒ **Sag mir, wo es langgeht ...:** Ihr Hund ist vielleicht noch jung, oder Sie haben ihn noch nicht lange. Womöglich ist er aber auch nur ein besonders freiheitsliebender Typ (was durchaus rassebedingt sein kann). Das alles kann ein Grund sein, warum er seinen Part im Team noch nicht gefunden hat. Mit der richtigen Motivation und mit Spielen oder Sporterlebnissen, die Ihnen gemeinsame Erfolgserlebnisse bescheren, festigen Sie die Beziehung zu Ihrem Vierbeiner Schritt für Schritt. Und genau das wünscht er sich: Ein konsequent-liebevolles Band zu Ihnen, das ihm genügend Freiraum, aber auch Halt und Orientierung gibt.

SPIELSPASS FÜR DRINNEN UND DRAUSSEN

Spielzeit ist angesagt! Ihr Vierbeiner spürt, dass Sie gleich nur für ihn da sein werden. Seine Freude ist grenzenlos, denn was gibt es Schöneres als mit Frauchen oder Herrchen gemeinsam zu spielen, ausgiebig gelobt zu werden und auch noch so ganz nebenbei leckere Häppchen zu »kassieren«.

Futterspiele – einfach und lecker

Diese Spiele »schmecken« den meisten Hunden richtig gut. Gefragt sind hierbei Geruchssinn, Geschicklichkeit, Köpfchen, aber auch Geduld, denn die Suche beginnt natürlich erst, wenn Sie das Startsignal dazu geben! Der Spielaufbau ist immer einfach: Sie brauchen Leckerlis und Utensilien wie Handtuch, Karton oder Plastikflasche – also alles Dinge, die es in jedem Haushalt gibt. Deshalb eignen sich Futterspiele ideal für ein paar fröhliche Minuten zwischendurch. Es ist keine lange Vorbereitungszeit nötig, und zwei, drei Durchgänge sind allemal genug. Unsere Leckerli-Spiele finden drinnen statt – aus gutem Grund: Sicher wollen Sie nicht, dass Ihr Hund beim nächsten Spaziergang alles, was ihm essbar erscheint, aufnimmt – und er so sein eigenes »Futterspiel« kreiert. Machen Sie es sich zur Regel, ihn draußen nur nach einem Futterbeutel suchen zu lassen oder ihn daraus zu belohnen (→ Seite 38). So können Sie Ihrem Hund konsequent beibringen, unterwegs nicht selbstständig auf »Leckerli-Suche« zu gehen …

Falls der Ehrgeiz Ihres Hundes mit normalen Leckerlis nur schwer zu »kitzeln« ist, greifen Sie auf Futterbelohnungen zurück, die Sie eher selten spendieren, wie ein Stück getrocknete Lunge oder Pansen, getrockneten Fisch oder etwas Käse. Und falls Ihr Vierbeiner zu den Leckerli-Ignoranten zählt, verstecken Sie einfach sein Lieblingsspielzeug.

Karton und Kissenberg

Was trainiert wird: Etwas Leckeres zwischendurch mögen eigentlich alle Hunde. Hier müssen sie es sich mit Geschicklichkeit und etwas Ausdauer erarbeiten – das lohnt sich!

Das brauchen Sie: Einige Leckerlis, einen mittelgroßen Pappkarton, Zeitungspapier, zwei bis drei Kissen.

Nehmen Sie einen leeren Pappkarton, der zu der Größe Ihres Hundes passt. Ihr Vierbeiner sollte bequem mit der Schnauze darin herumwühlen können. Entfernen Sie Klammern, Plastikreste oder Ähnliches. Zerknüllen Sie einige Seiten Zeitungspapier und verteilen Sie das Papier im Karton. Legen Sie einige Leckerlis dazu. Lassen Sie den Hund dabei zusehen. Es gibt Hunde, denen der Karton anfangs nicht ganz geheuer ist. Für sie sollten die Leckerlis zunächst nicht allzu tief versteckt sein. Später können Sie den Schwierigkeitsgrad erhöhen: Nur ein Leckerli (dafür ein etwas größeres) verstecken, die Zeitungsmenge erhöhen, die Futterbelohnung(en) tiefer versenken.

Erst »Sitz«, dann suchen

Bringen Sie Ihren Hund in die Sitz- oder Platz-Position und stellen Sie den Karton armlang von ihm entfernt auf den Boden. Ihren Welpen, der diese Grundübungen noch nicht beherrscht, lenken Sie zunächst etwas ab, damit er nicht selbstständig auf den Karton losstürmt. Dann geben Sie Ihrem Vierbeiner das Signal, zum Beispiel »Such!«. Nun darf der Hund nach Herzenslust in dem Pappkarton herumwühlen, um ein Leckerli nach dem anderen zu erobern. Je nach Temperament geht das eher ruhig und konzentriert oder wild und ungestüm zu. Es macht Spaß zu beobachten, welche Technik der Hund anwendet: Sucht er zielstrebig mit der

TIPP AUS DER PRAXIS

Sie bestimmen die Spielzeiten

Damit Ihr Hund weiß, wann Spielzeit angesagt und wann sie zu Ende ist, überlegen Sie sich jeweils ein Start- und ein Ende-Signal, das Sie konsequent anwenden. Das könnte ein »Lass uns spielen« zu Spielbeginn und ein »Vorbei« oder »Das war's« als Schluss-Signal sein. Lassen Sie sich nach einem Schluss-Signal niemals »überreden«, noch eine Spielrunde anzuhängen, nur, weil Ihr Hund so lieb schaut ... Sie sind der Spielmeister und sollen es bleiben!

Nase zwischen den Zeitungsknäueln oder wirft er den Karton einfach um? Gräbt er mit den Pfoten zwischen dem Papier? Springt er sogar in den Karton, um der leckeren Beute so nah wie möglich zu kommen? Erlaubt ist alles, was dem Finden dient. Eingreifen sollten Sie allerdings, wenn der Hund vor lauter Übermut anfängt, die Zeitung zu zerreißen. Das ist nicht der Sinn des Spieles. Brechen Sie in diesem Fall die Leckerli-Suche ab und versuchen Sie, Ihrem Vierbeiner später noch einmal die Spielregeln zu vermitteln (→ Experten-Tipp, Seite 31).

Leckeres im Kissenturm

Fangen Sie klein an: Anfangs darf Ihr Hund sich auf Ihr Signal hin ein Leckerli vom Kissen nehmen, das Sie dort für ihn hingelegt haben. Schnell hat der Vierbeiner begriffen, worum es bei diesem Spiel geht. Dann wächst der Kissenberg allmählich. Nun werden die Leckerlis zwischen zwei, drei oder gar vier Kissen versteckt, je nachdem, wie geschickt und mutig der Hund ist. Auch hier gilt: Was Angst macht, wird einfacher aufgebaut. Wenn drei Kissen beim Umstürzen für großen Schrecken sorgen, nehmen Sie zunächst nur zwei Kissen, damit sich der Hund allmählich an die Instabilität des Kissenturms gewöhnt. Natürlich gilt auch beim Kissenturm die Devise: Reinbeißen in die Kissen gilt nicht, sonst muss das Spiel abgebrochen werden. Lassen Sie Ihrem Hund Zeit beim Suchen und loben Sie ihn dabei. Er darf in aller Ruhe ausprobieren, wie er dem Turm am besten zu Leibe rückt. Zwei, drei Spielgänge genügen völlig. Geben Sie ein Schluss-Signal, um das Spiel zu beenden (→ Tipp aus der Praxis, Seite 19).

Hinweis: Nach dem Spiel Karton und Kissen wegräumen, damit der Hund nicht in Versuchung kommt, ohne Sie ein Spielchen zu wagen. Schließlich geht es hier um die gemeinsame Beschäftigung. Und nicht vergessen: Die Leckerli-Ration vom täglichen Futterbedarf abziehen …

1. Die Versuchung: Amy sitzt noch ein wenig misstrauisch vor dem Karton, doch der Inhalt ist sehr verlockend für sie. Die Hündin hat genau gesehen, wie Frauchen Leckerlis in der Kiste versteckt hat!

2. Langsam anpirschen: Also ran an die Kiste: Nachdem das Start-Signal »Such!« kam, erkundet die dreijährige Irish Terrier-Hündin zunächst noch etwas vorsichtig die Lage.

3. Angst über Bord: Der Mut hat sich gelohnt: Tatsächlich entdeckt sie zwischen dem vielen Zeitungspapier kleine trockene Leckerlis, die sie sehr gern mag. Gar nicht so schlecht, dieses Spiel ...

4. Leckeres im Kissenturm: Zielsicher steckt Amy ihre Nase in den weichen Kissenturm, der auf jeder Etage eine Überraschung bereithält.

5. Turmhöhe verändern: Wenn der Hund beim Umstürzen der Kissen nicht mehr erschrickt, kann man in die Höhe gehen. Liegt nicht auf jeder Kissenetage eine Leckerei, wird's für die Supernasen schwieriger.

Die **Handtuch-Rolle**

Was trainiert wird: Geruchssinn, Geduld und natürlich Geschicklichkeit, denn vor dem Genuss muss zunächst die richtige Technik entwickelt werden.

Das brauchen Sie: Einige Leckerlis und ein ausrangiertes Handtuch.

Ein Handtuch kann ganz schön spannend sein – zumindest, wenn es so gut nach leckeren Häppchen riecht! Doch wie kommt man an das Gute heran? Ihr Vierbeiner wird schnell merken: Hier ist eine ganz besondere Technik gefragt.
Zunächst einmal heißt es abwarten, bis die Handtuch-Rolle zum Suchspiel freigegeben wird. Dann wird intensiv an der Rolle geschnuppert – mit eindeutigem Befund: Es steckt was drin!

Erst mal ganz einfach …

Damit Ihr Hund anfangs möglichst schnell ein Erfolgserlebnis hat, verstecken Sie das Leckerli zunächst nicht tief im Inneren der Rolle, sondern etwas weiter vorne. Nun kommen Schnauze oder Pfote zum Einsatz. Der Hund beginnt zu experimentieren, welche Technik hier wohl den ersehnten Erfolg verspricht. Lassen Sie ihn zunächst einmal in aller Ruhe ausprobieren. Loben Sie ihn zwischendurch ausgiebig, weil er so viel Geduld und Ausdauer zeigt. Später können Sie dazu übergehen, das Leckerli immer tiefer einzurollen, um den Schwierigkeitsgrad zu steigern, bis schließlich das gesamte Handtuch ausgebreitet sein muss, bevor der Hund an das begehrte Leckerli kommt.

Nicht schütteln, sondern rollen

Wenn Ihr kleiner Schlaumeier das Handtuch lediglich schüttelt oder mit der Schnauze zerwühlt, so dass das Leckerli herausfällt, brechen Sie das Spiel ab. Platzieren Sie den ersehnten Happen beim nächsten Mal so weit vorn in der Rolle, dass schon ein kleiner Schnauzenstupser genügt, um das Tuch so weit zu entrollen, bis das Leckerli erscheint. Wenn es gar nicht klappt, geben Sie Ihrem Vierbeiner ein wenig Hilfestellung.
Rollen Sie das Handtuch vor seinen Augen ein wenig auf, bis der Hund die »Rolltechnik« verstanden hat und sie übernimmt. Wenn das Leckerli gefunden ist, loben Sie den Finder tüchtig und nehmen das Handtuch hoch, damit der Hund nicht damit herumtobt.
Übrigens ist dieses Spiel auch für ältere Hunde besonders gut geeignet, weil sie mit einigen wenigen sanften Bewegungen schnell zu einem Erfolgserlebnis kommen und sich dabei nicht überanstrengen müssen.

1. Leckerli verstecken: Das Handtuch ist für die Spielzeit mit Amy reserviert. Anfangs wird das Leckerli ziemlich weit vorn in der Rolle versteckt, damit die Hündin schnell ein Erfolgserlebnis hat.

2. Erfolgreiche Suche: Weil sie die Handtuch-Rolle mit der Nase nur ein kleines Stück aufrollen muss, um die Belohnung zu finden, kommt Amy gar nicht darauf, das Handtuch zu schütteln. Das war gar nicht so schwierig ...

3. Technik verfeinern: Und weiter geht's. Die Hündin hat verstanden, was sie tun muss, um an das Leckerli zu kommen. Sie rollt das Handtuch selbstständig ein Stück weiter aus.

4. Schwierigkeitsgrad steigern: Amy verliert die Geduld auch nicht, als die Rolle den Futterhappen nicht so schnell hergibt. Die Hündin gibt so lange nicht auf, bis sich die »Nasenarbeit« endlich gelohnt hat.

Die **Futterflasche**

Was trainiert wird: Geruchssinn, Geschicklichkeit und Ausdauer.

Das brauchen Sie: Eine stabile Plastikflasche und eine Handvoll kleiner, trockener Leckerlis, die durch die Flaschenöffnung passen.

Bei diesem Spiel muss sich Ihr vierbeiniger Liebling sein Futter »verdienen«.

»Flaschendrehen«

Nehmen Sie einen Teil der Trockenfutterration Ihres Vierbeiners (oder die ganze, je nach Futterbedarf) und füllen Sie sie in eine mittelgroße, stabile Plastikflasche. Die Öffnung sollte nicht allzu groß sein, damit die Futterbrocken nicht gleich bei der kleinsten Drehung in großen Mengen herausfallen. Der Flaschenhals darf nicht scharf sein, sonst könnte sich der Hund daran verletzen. Starten Sie mit einem ruhig abwartenden Hund in Sitz- oder Platz-Position. Nun legen Sie die offene, gefüllte Flasche in die Mitte des Raumes und erlauben dem Hund den Spielbeginn. Der Hund wird neugierig auf die Flasche zugehen und erste Versuche unternehmen, an die Leckerlis heranzukommen. Ist er dabei zu zaghaft, zeigen Sie ihm, wie es funktioniert, indem Sie die Flasche ein wenig bewegen, bis etwas herausfällt. Wahrscheinlich wird der Hund nun erstaunlich viel Energie und Einfallsreichtum entwickeln, um selbst an die Leckerlis heranzukommen. Vielleicht nimmt er sie ins Maul und stellt dabei fest, dass – mit der Öffnung nach unten – etwas herausfällt. Oder er stößt sie kräftig an, mit Pfote oder Schnauze. Womöglich wird er versuchen, in die Flasche zu beißen, deshalb sollte sie sehr stabil sein. Es hängt von der Größe der Futterkügelchen ab, wie viel Mühe sich der Hund geben muss. Sie können die Anforderungen an Geschicklichkeit und Geduld also prima steigern, indem Sie bei einer nächsten Spielrunde etwas größere Brocken einfüllen.

Varianten aus dem Fachhandel

Im Fachhandel gibt es eine stabile Flasche, die zudem ein Tau enthält, das den Hund vor eine ganz besondere Herausforderung stellt (→ Foto, rechts). Oder Sie entscheiden sich für einen »Snackball«, der aus beißfestem Material besteht und eine größenverstellbare Öffnung hat, um den Schwierigkeitsgrad zu steigern. Für eine leise Variante gibt es Stoffwürfel, die sich befüllen lassen. Allerdings sind die Öffnungen an den Würfelseiten so groß, dass besser eine Leckerli-Stange oder ein größerer Keks darin versteckt werden sollte.

1. Herausforderung: Diese Futterflasche können Sie im Fachhandel kaufen. Zunächst muss der Hund das Tau hineinschieben, erst dann gelangt er an den Leckerli-Schatz.

2 Leise Variante: Solche befüllbaren Stoffwürfel verursachen während des Spiels kaum Geräusche. Wer seinen Hund mit ins Büro nehmen kann, hat hier eine wunderbare Beschäftigungsmöglichkeit für ihn.

3. Snackball: Beim Snackball kann der Schwierigkeitsgrad variiert werden, denn die Öffnung ist größenverstellbar.

4. Marke Eigenbau: Eine leere Plastikflasche lässt sich gut mit festen Leckerli-Brocken füllen. Nehmen Sie anfangs kleine Teile, die leicht herauskugeln, damit der Hund ein schnelles Erfolgserlebnis hat.

Der **Leckerli-Loop**

Was trainiert wird: Hier ist Disziplin und Geschicklichkeit gefragt, denn der Hund muss ruhig abwarten, bis das Signal zum »Loop« kommt – dann darf er das Leckerli mit viel Geschick aus der Luft auffangen.

Das brauchen Sie: Trockenfutterbrocken oder Käsewürfel, die nicht zu leicht sind.

Einige Hunde lieben es, dieses kleine Kunststück zu üben, um an einen begehrten Leckerbissen zu kommen. Sie geben sich gewaltig Mühe, anderen ist das alles viel zu anstrengend: Probieren Sie aus, wie Ihr vierbeiniger Freund auf den Leckerli-Loop reagiert.

Jeder Moment wird belohnt

Voraussetzung ist, dass der Hund in der Sitz-Position bleibt, denn zunächst muss er sich mit dem Leckerli auf der Nase ganz ruhig verhalten.
In einem ersten Schritt bringen Sie Ihrem Vierbeiner bei, das Leckerli auf der Nase liegen zu lassen. Dazu umfassen Sie vorsichtig seine Schnauze und platzieren das Leckerli recht weit vorn am Nasenspiegel Ihres Hundes. Hält er diese Übung auch nur für einen kurzen Moment durch, nehmen Sie das Leckerli von seiner Nase und geben es ihm als Belohnung für seine Geduld.
Jetzt gilt es, sein Durchhaltevermögen auf ein paar Sekunden zu steigern. Versuchen Sie es zwei-, dreimal hintereinander und wiederholen Sie diese Übung ein paar Tage, bis der Hund sicher mit der Belohnung auf der Nase ausharrt.

Ein kurzes Signal für den Loop

Nun geht es an den nächsten Schritt. Überlegen Sie sich ein kurzes Signal oder Geräusch, zum Beispiel »Wirf!« oder »Fang!«. Auch ein lautes Fingerschnippen erfüllt den Zweck. Platzieren Sie das Leckerli wie oben beschrieben auf der Hundenase und stellen Sie sich zwei Schritte vor den Hund. Nun rufen Sie Ihr Signal oder schnippen mit den Fingern und machen dabei eine auffordernde Armbewegung nach oben. Mit etwas Glück wirft der Hund den Kopf hoch und versucht, das Leckerli zu fangen. Klappt das anfangs nicht, sammeln Sie das Leckerli auf und versuchen Sie es erneut.

Ein erster Erfolg: Super!

Wiederholen Sie die Versuche nicht öfter als zwei, drei Mal und vergessen Sie nicht, Ihren Vierbeiner ausgiebig zu loben – auch wenn der Leckerli-Loop noch nicht geklappt hat. Das Leckerli bekommt er zum Schluss natürlich trotzdem, denn eine Belohnung hat er sich für sein Mitspielen unbedingt verdient. Probieren Sie die Übung in den nächsten Tagen immer wieder mal aus. Sobald der Hund es

1. Leckerli platzieren: Die französische Schäferhündin Amy und ihr Frauchen sind ein eingespieltes Team. Die Hündin lässt sich bereitwillig ein Leckerli vorn auf die Schnauze legen.

2. Ruhig abwarten: Für jeden Augenblick des Stillhaltens bekommt Amy als Belohnung das Leckerli von ihrer Nase. Schließlich klappt die Übung schon sehr gut: Amy wartet geduldig mit dem Belohnungshappen auf der Nase ab, bis das Signal kommt.

3. Erfolgreicher Loop: Auf Anhieb hat es nicht geklappt, doch Frauchen und Amy haben fleißig geübt. Nach einigen Versuchen fliegt das Leckerli in die Luft, und die Hündin fängt es geschickt auf.

einmal geschafft hat, brechen Sie in wahre Begeisterungsstürme über sein Geschick aus. Sie werden sehen – das motiviert Ihren Liebling fast noch mehr als das Leckerli. Das Geschick, ein Leckerli aus der Luft aufzufangen, können Sie auch ein paar Mal durch einfaches Zuwerfen trainieren.

Keinen Zwang ausüben!

Signalisiert Ihr Hund allerdings, dass er das Spiel überhaupt nicht mag, beispielsweise, indem er den Kopf wegdreht oder weggeht, wählen Sie besser ein anderes Futterspiel zum Beispiel »Karton und Kissenburg« auf Seite 19 oder die »Handtuchrolle« auf Seite 22. Zwingen Sie Ihren Vierbeiner nicht, etwas einzuüben, das ihm offensichtlich unangenehm ist. Bei der spielerischen Beschäftigung mit dem Vierbeiner sollte immer Freude und Spaß an der Sache an erster Stelle stehen.

Kind und Hund

Kinder spielen gern, die meisten Hunde auch. Trotzdem gibt es für Spielrunden klare Regeln, die beide schützen und für ungetrübten Spaß sorgen.

Nähe ist gut, aber achten Sie immer darauf, dass der Hund sich nicht bedrängt fühlt. Umarmt das Kind den Hund, darf es keine »Umklammerung« sein. Ein Kind kann die Beschwichtigungs-Signale des Hundes in der Regel noch nicht richtig interpretieren. Nicht selten kommt es dadurch leider auch zu gefährlichen Missverständnissen zwischen Hund und Kind.

Hunde machen Kinder stark, das haben Studien belegt. Die Vierbeiner können das Selbstbewusstsein der Kleinen fördern, wenn das Kind eine intensive Beziehung zu dem Tier hat, und schützen sie sogar vor Depressionen. Denn der Kumpel auf vier Beinen vermittelt Nähe und Wärme. Voraussetzung ist, dass das Verhältnis zwischen Kind und Hund von Fairness und Respekt geprägt ist. Weder Zwei- noch Vierbeiner dürfen beim Umgang miteinander überfordert werden. Für Eltern heißt das: Immer dabei sein und Augen und Ohren offen halten, denn einen »Chef-Status« haben die Kleinen für die Vierbeiner nicht. Dafür fehlt es ihnen an Durchsetzungsvermögen und an einer klaren Körpersprache. Im freien Spiel ist ein Hund dem Kind außerdem körperlich oft überlegen. Und wenn's mal brenzlig wird im Miteinander, fangen Kinder oftmals an zu schreien oder rennen einfach weg – was beim Hund durchaus zu schlimmen Missverständnissen führen kann.

Mein Teddy, dein Teddy …

Beachten Sie mit kleinen Kindern einige Regeln für den richtigen Umgang.

1. Das Spielzeug des Kindes ist für den Hund tabu – umgekehrt genauso!

2. Einen Hund an der Leine führen sollten Kinder erst, wenn sie ihn körperlich wirklich halten und auch schwierige Situationen sicher bewältigen können, also beispielsweise nicht eingreifen, wenn zwei Hunde in Streit geraten.

3. Toben und Raufen sollten Kind und Hund nie ohne Aufsicht und auch nicht zu wild, damit keiner aus Übermut seine Grenzen überschreitet. Kindliches Spielverhalten bedeutet für einen Hund durchaus auch Stress. Zum Beispiel, wenn das Kind ständig den Namen des Hundes ruft, es wahllos Belohnungen verteilt oder ständig verschiedene Kommandos gibt.

Spielassistent gesucht

»Frust vermeiden – Teamgeist stärken«, lautet die Devise. Ab dem fünften Lebensjahr etwa können Sie ein Kind in ein Spiel oder eine Übung mit dem

Hund einbeziehen und dabei die Reaktionen des Vierbeiners anschaulich erklären. Der kleine »Spielassistent« darf zum Beispiel die Leckerlis im Karton verstecken (→ Seite 19). Viele Hundeschulen bieten Kinderseminare ab dem siebten Lebensjahr an. Dort lernen Kinder beispielsweise die Hundesprache zu verstehen.

Gemeinsam in den Hundekurs

Wenn Kinder ein echtes Interesse am Hund haben, können sie mit wachsendem Alter (ab etwa 8 bis 10 Jahren) eigenständig ein einfaches Spiel oder eine kleine Übung ausprobieren. Das sollten am besten Aufgaben sein, die Sie selbst mit dem Hund einstudiert haben, deren Ablauf und Signale ihm – und dem Kind – bekannt sind. Schauen Sie zu, um gegebenenfalls einzugreifen, wenn Hund und Kind noch nicht auf einer Wellenlänge sind. Verantwortungsvolle Jugendliche können mit einem Hund schon recht selbstständig arbeiten. Vielen macht es Spaß, gemeinsam einen Hundekurs zu besuchen oder eine Sportart mit dem Hund zu trainieren (→ ab Seite 106).

Kind und Hund verstehen sich sehr gut, wenn sie sich gegenseitig respektieren. Hier sind die Erwachsenen gefordert: Erklären Sie dem Kind das Wesen und die Bedürfnisse des Hundes, zum Beispiel, dass er beim Fressen nicht angefasst werden will, sondern seine Ruhe haben möchte. Wichtig auch: Der Vierbeiner braucht innerhalb seiner Menschenfamilie einen Rückzugsort, wo ihn niemand stört. Das können auch kleine Kinder schon lernen.

Für Jugendliche, die sich gern intensiv mit ihrem vierbeinigen Freund beschäftigen möchten, bieten viele Hundesportvereine oder Hundeschulen spezielle Kurse an. Gemeinsam Kunststücke einzuüben macht nicht nur Spaß, sondern fördert auch die Bindung zueinander.

Such- und Bringspiele für Spürnasen

Eine der faszinierendsten Eigenschaften unserer Vierbeiner ist das famose Leistungsvermögen ihrer Nase. Der Geruchssinn eines Hundes ist für bestimmte Stoffe millionenfach feiner als der des Menschen. Kein Wunder, dass der Mensch sich diese sagenhafte Fähigkeit in hochsensiblen Bereichen zunutze macht wie etwa im Rettungsdienst, in der Medizin, in der Kriminalarbeit und sogar in Kriegsgebieten. Für den Hund hat seine »Supernase« vielfältige, ursprünglich überlebenswichtige Aufgaben. Von der Jagdbeute bis zum Wasser erschnuppert er alles, was er zum Leben braucht, und auch ein Teil der Kommunikation mit Artgenossen läuft über die Riechzellen ab.

Und obwohl die meisten Hunde wahre Riech-Genies sind, muss diese Fähigkeit für einen gezielten Einsatz trainiert werden. Deshalb macht es Sinn, »Nasenarbeit« schrittweise aufzubauen und zunächst mit kleinen Anforderungen zu beginnen, beispielsweise mit einer einfachen »Schatzsuche« (→ Seite 31 bis 35). Die Bereitschaft, das gesuchte Objekt dann auch noch zu bringen, ist wiederum eine Trainingsaufgabe, die nicht selten beide – Hund und Halter – vor eine große Herausforderung stellt. Doch das regelmäßige Üben lohnt sich: Such- und Bringspiele stärken die Bindung zwischen Ihnen und Ihrem Vierbeiner ungemein – ganz abgesehen von dem Spaßfaktor.

Schatzsuche drinnen

Was trainiert wird: In vertrauter Umgebung lernt der Hund, sich auf das Suchen eines Gegenstandes zu konzentrieren und ihn bereitwillig abzugeben.

Das brauchen Sie: Einen Gegenstand zum Verstecken (Spielzeug, Tuch), Leine und Brustgeschirr, Leckerlis.

Mit diesem kleinen Versteckspiel machen Sie Ihrem Hund immer eine Freude – und es kostet nicht viel Zeit. Ihr Vierbeiner soll nach einem Spielzeug, einem Tuch oder einem anderen Gegenstand suchen. Verwenden Sie ausschließlich Dinge, die für das Spielen mit dem Hund reserviert sind. Auch Welpen verstehen schnell, worum es geht. Die Kleinen sind nicht überfordert, wenn Sie das Spiel richtig aufbauen und es anfangs nur über kleine Entfernungen verlaufen lassen.

EXPERTEN-TIPP

Trainingsstufen anpassen

Werden Sie nicht ärgerlich, wenn etwas nicht gleich klappt. Wenn ein Spielschritt nicht funktioniert, überprüfen Sie zunächst, ob es ein »Versehen« des Hundes war, indem Sie den Schritt noch einmal ausprobieren. Macht er den Fehler wieder, ignorieren Sie das und legen eine kleine Pause ein. Für das Lernen des Hundes ist es wichtig, dass er Fehler nicht zu oft macht – sie etablieren sich sonst in seinem Verhalten. Überlegen Sie, wo das Missverständnis liegen könnte und wie Sie dem Hund den Spielschritt anders vermitteln können. Gehen Sie eventuell einen Schritt zurück im Training.

Erst ein kleiner Test …

Voraussetzung ist, dass der Hund den gefundenen Gegenstand zu Ihnen zurückbringt und abgibt. Wenn Sie nicht sicher sind, ob er dies auch wirklich tut, probieren Sie Folgendes aus: Werfen Sie ein Spielzeug ein Stück weit weg und locken Sie den Hund heran, sobald er es aufgenommen hat. Wenn er es bringt, nehmen Sie es ihm mit lobenden Worten ab und belohnen ihn. Klappt das noch nicht, nehmen Sie den Hund an sein Brustgeschirr und werfen das Spielzeug maximal auf Leinenlänge weg. Der Hund läuft freudig hinterher und nimmt es auf. Ziehen Sie den Hund nun langsam rückwärts gehend zu sich heran – er folgt. Loben Sie ihn

dafür. Tauschen Sie das Spielzeug gegen ein Leckerli. Wenn der Hund das Bringen und Abgeben beherrscht, üben Sie mit ihm das Aufspüren des Gegenstandes aus einem Versteck. Dafür legen Sie das Spielzeug für den Hund gerade noch sichtbar beispielsweise hinter ein Möbelstück, einen Zimmerpfosten, den Papierkorb etc. Ihr Vierbeiner wartet einige Schritte entfernt ruhig ab. Wenn er ein Bleib-Signal beherrscht, können Sie es für diesen Zweck verwenden, oder Sie lassen ihn seine Sitz-Position einnehmen.

Auf die Suche schicken

Wenn Sie Tuch oder Spielzeug versteckt haben, gehen Sie zum Hund zurück und schicken ihn mit einem Signal auf die Suche. Nun darf er sein Spielzeug finden und es zu Ihnen zurückbringen. Verläuft alles nach Plan, gibt es viel Lob und natürlich auch eine kleine Belohnung in Form eines Leckerlis oder eines kurzen freien Spiels (→ Loben und Belohnen, Seite 46). Zwei, drei Spieldurchgänge sind genug, dann räumen Sie das Spielzeug wieder weg. »Profis« können beim Verstecken auch mal vor der Tür warten. Das macht die Aufgabe schwieriger und erhöht die Spannung.

Entfernung vergrößern

Beim nächsten Mal erhöhen Sie die Distanz um ein kleines Stück, bis auch das sicher klappt. Achten Sie immer darauf, dass der Hund das Fundstück auch tatsächlich zu Ihnen zurückbringt. Tobt er stattdessen damit durch die Wohnung, gehen Sie besser einen Trainingsschritt zurück, bis Ihr Vierbeiner Ihnen seine »Beute« wieder verlässlich abgibt, denn solch ein »Fehler« prägt sich ansonsten schnell ein (→ Experten-Tipp, Seite 31).

1. Geringe Distanz: Monokel ist zwar schon eine erfahrene Dalmatiner-Dame von zehn Jahren, doch das Versteckspiel in der Wohnung kennt sie noch nicht. Deshalb baut Herrchen das Spiel zunächst in kleinen Schritten für sie auf. Monokel bleibt brav sitzen, während Georg ihr Spieltuch hinter einem Papierkorb versteckt.

2. Herrchen hilft: Jetzt löst Georg das Sitz-Signal auf und lässt Monokel das Tuch »finden«. Auch ohne seine deutliche Hilfestellung hätte die Hündin das Tuch sicher gleich gefunden.

3. Gut beobachtet: Nun wird die Sache schwieriger. Das Tuch liegt hinter dem Sofa und die Entfernung ist etwas größer. Georg schickt seine Dalmatiner-Hündin auf die Suche. Wichtig: Bei der Suche den Hund nicht anschauen, sondern in Richtung Versteck blicken, damit Ihr Vierbeiner sich an Ihrem Blick orientiert.

4. Für Fortgeschrittene: Monokel beherrscht das Zurückbringen und Abgeben sicher. Wenn dieses Spiel gut gelingt, kann man den Hund auch vor der Zimmertür warten und dann suchen lassen. Oder Sie lassen den Hund in einem Raum warten und verstecken das Suchobjekt in einem anderen Raum.

Schatzsuche draußen

Was trainiert wird: Während einer Schatzsuche geht es vor allem um Aufmerksamkeit.

Das brauchen Sie: Einige Gegenstände (Mütze, Schal, Handschuh), die Sie für Ihren Hundespaziergang reserviert haben und die auch mal auf dem Boden liegen dürfen.

Hunde lieben Spaziergänge mit Abwechslung. Die können Sie Ihrem Hund bieten, idealerweise sogar, wenn es eine »Routinestrecke« ist, die Sie beide bereits in- und auswendig kennen.

Spaziergang interessant gemacht

Mit einer Schatzsuche lenken Sie die Aufmerksamkeit Ihres Vierbeiners ganz und gar auf den Spaziergang an Ihrer Seite. Seine Aufgabe ist es nämlich, Gegenstände zu entdecken und anzuzeigen, die Sie am Wegrand »verloren« haben – ohne dass der Hund es zuvor bemerkt hat. Nehmen Sie bei Ihrer nächsten Runde mit dem Hund ein paar Gegenstände mit, zum Beispiel ein Tuch, eine Mütze, einen Schal etc. »Verlieren« Sie sie unterwegs unauffällig. Drehen Sie wenig später um und gehen Sie die Strecke zurück, den Hund an Ihrer Seite. Wenn er das ohne Leine noch nicht beherrscht, sollten Sie ihn für die »Schatzsuche« anleinen.

Da liegt doch was …

Ein langsames Schritttempo ist anfangs hilfreich für den Hund, damit er Zeit genug hat, die »Schätze« zu entdecken. Schnuppert er daran, nehmen Sie den Gegenstand auf und freuen sich riesig darüber, dass er das gute Stück gefunden hat. Loben und belohnen Sie ihn. Läuft er ohne Reaktion daran vorbei, kehren Sie um und gehen so nah an Mütze, Schal oder Tuch heran, dass der Hund fast darüberstolpert. Nimmt er den Gegenstand nun wahr, loben Sie Ihren Vierbeiner kräftig und belohnen ihn. Und weiter geht's zum nächsten »Schatz«. Reagiert er noch immer nicht, »finden« Sie den Gegenstand und freuen sich darüber. Das macht den Schatz für Ihren vierbeinigen Liebling attraktiv.

Aufnehmen und Abgeben

Im nächsten Schritt soll Ihr Hund den Gegenstand aufnehmen und bei Ihnen abgeben. Das gelingt beispielsweise mit dem Clicker gut (→ Seite 40). Jede gewünschte Reaktion clicken Sie anfangs schon im Ansatz, zum Beispiel, wenn er den Gegenstand nicht nur beschnuppert, sondern mit der Schnauze aufnimmt. Hat er das einige Male gemacht, warten Sie beim nächsten Mal, bis er ihn einen Augenblick länger behält, bevor Sie clicken. Der Hund wird schnell begreifen, was er zu tun hat.

1. »Schatz« verloren: Tanja geht mit Marosch, ihrem rumänischen Herdenschutzhund, einen Weg entlang und »verliert« dabei unauffällig ein Halstuch und eine Kappe.

2. »Schatz« entdeckt: Nach dem letzten verlorenen Gegenstand kehrt Tanja um. Schon aus der Ferne hat Marosch die Kappe entdeckt. Marosch geht sicher an ihrer Seite, deshalb braucht sie keine Leine für die »Schatzsuche«.

3. »Schatz« gebracht: Auch das Tuch hat der Herdenschutzhund schnell entdeckt und sogar aufgenommen. Darüber freut sich Tanja riesig und rückt sogleich ein Leckerli heraus.

Das Apportieren

Was trainiert wird: Etwas zu apportieren lieben die meisten Vierbeiner. Sie sind bei diesem Spiel hoch konzentriert. Durch verschiedene Aufgaben, wie konsequentes Zurückbringen, trainieren Sie zugleich den Gehorsam.

Das brauchen Sie: Etwas zum Werfen, zum Beispiel ein Spielzeug oder einen Ball, Leckerlis zum Belohnen.

Das Hinterherjagen liegt den meisten Hunden im Blut – sie lieben es! Für viele gibt es kaum etwas Schöneres, einen Gegenstand zu erbeuten, sei es ein Ball, das Lieblingsspielzeug oder ein »professionelles« Apportierholz. Allerdings sind nicht alle Vierbeiner gleichermaßen begeistert von dem Wunsch ihres Halters, die »Beute« auch zurückzubringen. Und außerdem tobt ein Hund am liebsten auf der Stelle los, wenn das Teil durch die Luft wirbelt … Stopp! Hier beginnt unser Spiel. Zwar soll der Hund dem Wurfobjekt hinterherrennen, aber erst, wenn Sie es ihm signalisieren.
Hinweis: Werfen Sie keine spitzen Stöckchen, denn der Hund könnte sich daran verletzen.

Das Spiel gut vorbereiten

Ein klassischer Spielaufbau könnte so aussehen: Sie lassen den Hund absitzen, stellen sich neben ihn und werfen eines seiner Spielzeuge weit weg. Den Impuls des Hundes, auf der Stelle loszujagen, bremsen Sie zum Beispiel mit dem Signal »Bleib!«. Erst nach einer kleinen Weile erlauben Sie ihm, in Richtung Gegenstand zu laufen, mit einem Signal, das Sie sich für das Apportieren überlegt haben, zum Beispiel »Bring zurück!«.
Unterstützen können Sie das Signal zusätzlich mit einer Geste, zum Beispiel die Arme nach vorne öffnen (→ Foto 4, Seite 37).

Das Zurückbringen

Sie möchten natürlich, dass der Hund den Wurfgegenstand zu Ihnen zurückbringt. Tut er das nicht von sich aus, rennen Sie in entgegengesetzter Richtung von ihm weg und gehen in die Hocke. Er wird Sie nun mit seinem Spielzeug in der Schnauze verfolgen. Ist er bei Ihnen angekommen, loben Sie ihn kräftig und nehmen ihm das Spielzeug ab – anfangs beispielsweise im Tausch gegen ein Leckerli.
Klappt diese Variante schon gut, werden Sie anspruchsvoller: Bauen Sie kleine Übungseinheiten vor dem »Bring«-Signal ein, zum Beispiel »Slalom durch die Beine« (→ Seite 56/57) oder ein »Platz!«.
Dieses Spiel können Sie mit Ihrem vierbeinigen Liebling auch in der Wohnung üben.
Für »Profis«: Wechseln Sie vor dem »Bring«-Signal Ihre Position. Rufen Sie den Hund zu sich, und geben Sie ihm einen kleine Aufgabe. Erst dann schicken Sie ihn los.

1. Geduldig warten: Marie hat ihre Golden Retriever-Hündin Gina neben sich absitzen lassen und gibt ihr das Kommando »Bleib!« (→ Foto, Seite 36).

2. Spielzeug werfen: Ginas Lieblingsspielzeug fliegt durch die Luft. Die Hündin läuft nicht auf der Stelle hinterher, sondern bleibt brav sitzen.

3. Gleich geht's los: Marie wartet kurz ab, bevor sie das entsprechende Apportier-Signal gibt. Dabei nimmt sie mit Gina Blickkontakt auf.

4. Abholen: Mit einer klaren Körpersprache gibt Marie ihrer Hündin das Kommando »Bring zurück«. Gina würde mittlerweile Maries Aufforderung auch ohne Wort-Signal verstehen.

5. Abgeben: Super gemacht! Gina bringt ihr Spielzeug umgehend zu Marie zurück und legt es ihr in die ausgestreckte Hand. Anfangs gab es dafür immer ein Leckerli als Belohnung, mittlerweile nur noch ab und zu.

Die **Futterbeutel-Suche**

Was trainiert wird: Der Hund lernt, konzentriert seine Nase einzusetzen und etwas für ihn sehr Wichtiges, nämlich sein Futter, abzugeben. Diese Aufgabe trainiert seinen Geruchssinn und den Gehorsam, auf ein Signal hin die »Beute« aufzunehmen und wieder abzugeben.

Das brauchen Sie: Leine (oder Schleppleine) und Brustgeschirr, Futterbeutel (oder kleine Tasche), Leckerlis.

Dieses spannende Spiel könnte zum »Dauerbrenner« zwischen Ihnen und Ihrem Hund werden. Alle Vierbeiner haben Riesenspaß beim Suchen, vor allem, wenn eine leckere Belohnung lockt.

»Beute« interessant machen

Nehmen Sie den Hund anfangs an Brustgeschirr und Leine. Dann machen Sie den mit Leckerlis gefüllten Beutel attraktiv: Werfen Sie ihn hoch, ziehen Sie ihn auf dem Boden hin und her. Animieren Sie Ihren Hund ruhig auch mal zu einem kleinen Zerrspielchen. Belohnen Sie Ihren Vierbeiner aus dem Futterbeutel.

Jeden kleinen Erfolg belohnen

Wenn das Interesse am Beutel geweckt ist, werfen Sie ihn ein Stück weit weg. Der Hund darf gleich hinterher. Im optimalen Fall nimmt er ihn auf. Das loben Sie kräftig und gehen rückwärts. Dabei muss der Hund Ihnen an der Leine automatisch folgen. Kommt er bei Ihnen an, loben Sie ihn, nehmen ihm den Beutel ab und belohnen ihn daraus. Notfalls ziehen Sie den Hund sanft zu sich heran.

Wenn das Aufnehmen und Zurückbringen sicher klappt, können Sie eine erste kleine Suche ohne Leine starten und dabei das Hör- und Sicht-Signal einführen (zum Beispiel »Bring« und eine entsprechende Armbewegung dazu). Zunächst machen Sie den Futterbeutel für den Hund wieder attraktiv. Dann lassen Sie ihn »Sitz« machen. Legen Sie den Beutel nun etwa fünf Meter entfernt leicht versteckt ab. Nach dem Signal darf der Hund mit der Suche beginnen. Wenn er den Beutel entdeckt hat, freuen Sie sich riesig und belohnen ihn daraus, sobald er ihn gebracht hat. Falls das Zurückbringen noch nicht klappt, wiederholen Sie die Übung mit der Schleppleine. Lassen Sie dem Hund Zeit für die Suche, wiederholen Sie nicht ständig das Signal. Nur, wenn Sie das Gefühl haben, der Hund irrt ratlos umher, rufen Sie ihn zu sich und schicken ihn erneut in Richtung Futterbeutel. Nun können Sie die Distanzen für das Verstecken allmählich steigern. Der Hund sollte bei jeder Suche Erfolg haben! Für geübte Supernasen: Der Hund darf beim Verstecken nicht mehr zuschauen. Dann aber wieder mit kleinen Distanzen beginnen.

1. Geduld üben: Die Hündin Alex kennt ihren Futterbeutel. Sie beherrscht das Suchen und Bringen mit Leine. Heute soll ohne Leine geübt werden. Alex darf den Vorbereitungen in der Sitz-Position zuschauen.

2. Beutel ablegen: Marion legt den Beutel fünf bis zehn Meter entfernt, aber noch in Sichtweite von Alex, ab. Alex fiebert dem Spielbeginn entgegen.

3. Außer Sicht: Marion steigert den Schwierigkeitsgrad. Die fünfjährige Golden Retriever-Hündin sieht nur ungefähr, wo der Beutel versteckt ist. Sie verharrt trotzdem geduldig in der Sitz-Position, wie sie es gelernt hat.

4. Ohne Worte: Nach dem Verstecken kehrt Marion zu ihrer Hündin Alex zurück und schickt sie mit einem Signal auf die Suche. Dabei schaut Marion in Richtung Futterbeutel.

5. Gefunden und zurückgebracht: Alex erhält ihre wohlverdiente Belohnung direkt aus dem Futterbeutel. Frauchen ist bei der Suche nicht etwa ein paar Schritte mitgegangen, sondern hat geduldig an dem Ausgangspunkt der Suche gewartet.

Clickertraining

Der Clicker klingt auf Fingerdruck wie ein »Knackfrosch«. Er ist ein ideales Trainingshilfsmittel, um dem Hund etwas beizubringen.

Ginger hat verstanden: Beim Click! schaut sie aufmerksam hoch. Sie hat das Geräusch mit der Futterbelohnung verknüpft, so dass man es in Zukunft beim Training mit ihr einsetzen kann. Diese Konditionierung ist der erste Schritt. Wichtig: Immer nur einmal clicken, nicht mehrfach. Und den Clicker nicht etwa zum Heranrufen zweckentfremden. Er dient ausschließlich als positive Verstärkung.

Einen »Click« gibt es, sobald der Vierbeiner eine bestimmte erwünschte Aktion zeigt. Das Tolle daran: Es folgt sofort eine Futterbelohnung. In der Lernpsychologie nennt man das »positive Verstärkung« und »operantes Konditionieren«: Der Hund verknüpft Geräusch/Belohnung mit seinen eigenen Handlungen und speichert sie nach genügend Wiederholungen in seinem Verhaltensrepertoire ab.

Warum überhaupt ein »Click«?

Natürlich können Sie Ihren Hund auch mit Worten bestätigen. Doch es ist gar nicht so einfach, ein Wortsignal wie »Gut gemacht« auf den Bruchteil einer Sekunde genau im richtigen Moment auszusprechen. Mit einem Clicker bestätigen Sie richtiges Verhalten äußerst präzise, wenn Sie das richtige Timing beherrschen. Das heißt: Sie müssen Ihren Hund genau beobachten, um exakt in dem Moment zu clicken, wenn er die gewünschte Handlung zeigt. So ein kurzes, knackiges Click! ist für den Hund oft einprägsamer als ein »Gut gemacht«. Theoretisch können Sie statt eines Clickers auch ein sehr kurzes Wort verwenden, das Sie ähnlich kurz und knapp aussprechen, wie »Ja!« oder »Yiip!«.

Der erste Schritt

Zunächst müssen Sie den Hund auf den Clicker konditionieren: Sie stehen mit dem Clicker in der Hand vor Ihrem Hund. Clicken Sie einmal und geben Sie ihm sofort ein Leckerli. Das wiederholen Sie vier, fünf Mal, mehrfach über den Tag verteilt.

Sobald der Hund bei einem Click! aufmerksam reagiert, hat er kombiniert, dass das Geräusch eine Belohnung für ihn bedeutet. Von nun an können Sie den Clicker als positiven Verstärker einsetzen. Ein Beispiel: Sie möchten Ihrem Welpen, Junghund oder erwachsenem Hund beibringen, dass er auf Ihr Signal hin auf seine Decke gehen soll. Beobachten Sie Ihren Hund, wenn er sich in der Nähe der Decke aufhält. Geht er zufällig mit einer Pfote auf die Decke, clicken Sie einmal und geben ihm sofort ein Leckerli. Sie locken ihn also nicht auf die Decke, sondern warten ab, bis er das »zufällig« macht. Das wiederholen Sie einige Male, bis der Hund den

Schritt auf die Decke sicher mit dem Click (und einer Belohnung) verknüpft hat. Nun steigern Sie Ihre Erwartung: Der Hund soll mit zwei Pfoten auf die Decke gehen. Bietet er eine Pfote an, warten Sie, bis er eine zweite Pfote hinzu nimmt – Click! und Leckerli. Das üben Sie, bis der Hund mit allen vier Pfoten auf der Decke steht. Bald können Sie das Signal dazu einführen: Der Hund geht mit allen vier Pfoten auf die Decke, Sie sagen in dem Moment »Auf deine Decke« und clicken – Leckerli nicht vergessen. Damit der Hund lernt, länger auf seiner Decke zu bleiben, zögern Sie das Clickern schrittweise hinaus – anfangs eine Minute, dann zwei etc. So steigern Sie die Verweildauer. Schließlich begreift der Hund die Bedeutung des Signals auch ohne Clicker. Dann loben Sie nur noch mit der Stimme und geben ab und zu eine Belohnung – bis Sie auch die abbauen können. So einfach das alles klingt: Das Clickertraining erfordert ein Grundwissen. Dafür gibt es Ratgeber (→ Seite 189), und auch viele Hundschulen bieten mittlerweile Clickertraining an.

Ginger wird mithilfe des Clickers auf einen »Target Stick« konditioniert. Ziel ist es, dass sie dem Stab mit der Nase (später auch mit der Pfote) folgt und sich so in alle Richtungen dirigieren lässt. Frauchen hält den Stab in der Hand und wartet ab, bis Ginger zufällig daran schnuppert – Click! und Belohnung. Wenn Ginger das richtig verknüpft hat, kann man ihr sogar beibringen, den Stab mit der Nase (oder Pfote) nur an seinem Ende zu berühren.

Die vier Monate alte Hündin lernt Schritt für Schritt, auf ihre Hundedecke zu gehen. Dafür clickt Frauchen zunächst, wenn Ginger zufällig mit einer Pfote auf die Decke geht. Dann klickt sie nur noch, wenn es zwei Pfoten sind ... bis Ginger komplett auf der Decke steht.

Das **Dufttuch finden**

Was trainiert wird: Wie gut die Nase Ihres Hundes ist, lässt sich mit diesem Spiel hervorragend auf die Probe stellen. Sollte sein Talent fürs Riechen noch »schlummern«, lernt er damit, seinen Geruchssinn konzentriert einzusetzen.

Das brauchen Sie: Ein Stofftuch, einen Duftstoff, zum Beispiel Haushaltsöle, Honig in Wasser aufgelöst, Milch (keine Parfums, keine ätherischen Öle!), mehrere Papiertücher, eventuell einen Clicker (→ Seite 40).

Schon ein winziges Dufttröpfchen auf einem Papiertuch genügt dem Hund, um es von anderen »geruchlosen« Tüchern zu unterscheiden.

Die Duftprobe

Machen Sie Ihren Hund zunächst mit dem Duft vertraut, den Sie für dieses Spiel einsetzen möchten. Geben Sie einen Tropfen davon auf ein Stofftuch, spielen Sie mit dem Hund damit. Nach dieser Vorbereitung geht es an die Nasenarbeit. Präparieren Sie nun ein Papiertuch mit dem Duft und legen Sie es vor dem Hund auf den Boden. Der Hund darf ausgiebig daran schnuppern. Jetzt ist Ihre Reaktion wichtig: Als hätte der Hund soeben etwas gefunden, das Sie lange vermisst haben, nehmen Sie das Tuch auf, riechen daran und freuen sich riesig darüber. Nun probieren Sie das Ganze mit zwei Tüchern. Eines enthält ein Tröpfchen Duft, das andere nicht. Lassen Sie den Hund an beiden Tüchern riechen. Loben Sie ihn überschwänglich, wenn er einen Moment länger auf das richtige Tuch reagiert, zum Beispiel daran riecht oder es aufnimmt. Nach einigen Wiederholungen begreift der Hund wahrscheinlich, dass er den Duft »finden« soll. Hat er es noch nicht verstanden oder zerreißt die Tücher regelmäßig, greifen Sie zu einem kleinen Trick: Stecken Sie jedes Tuch tief in ein schmales, leeres Marmeladenglas oder in ein hohes Trinkglas.

Dufttuch finden Schritt für Schritt

Beobachten Sie, wie Ihr Hund den richtigen Duft anzeigt: Nimmt er das Tuch auf? Berührt er es mit der Pfote? Oder verharrt er einfach nur länger an dem richtigen Tuch? Sein Anzeigeverhalten können Sie mit dem Clicker unterstützen.
Diesen Spielaufbau sollte man nicht an einem Tag trainieren. Lassen Sie dem Hund für die einzelnen Schritte Zeit. Üben Sie immer mal wieder zwischendurch. Für »Nasenprofis«, die den richtigen Duft bereits mühelos erkennen, legen Sie mehrere Tücher aus – eines ist duftend präpariert. Eine weitere Steigerung: Sie nehmen einen neuen Duft, lassen ihn vor dem Start daran schnuppern und fordern ihn dann auf, das richtige Dufttuch aus zwei oder drei ausgelegten Tüchern herauszuriechen.

1. Duftendes Tuch: Das Handtuch auf dem Foto Seite 42 wurde mit Holunderblütensirup präpariert. Amy durfte damit spielen, damit sie den Duft kennenlernt. Für die eigentliche Nasenarbeit wird ein Papiertuch mit dem gleichen Duft beträufelt.

2. Schwierige Angelegenheit: Amy soll das richtige Dufttuch bringen. Mit zwei Tüchern klappt es schon prima – aber mit dreien?

3. Alles kein Problem: Amy geht auf das Papiertuch mit dem Holundersirup zu. Ihre Nase hat ihr den richtigen Weg gezeigt. Als sie es beschnuppert, gibt es ein Lob. Sie bringt es zu Frauchen und bekommt dafür ein Click! und einen leckeren Happen.

Verloren und bringen

Was trainiert wird: Ihr Hund lernt, aufmerksam auf Sie zu achten und selbstständig einen Gegenstand anzuzeigen, den Sie verloren haben. Seinen Geruchssinn setzt er ein, wenn Sie ihn zum Suchen des Gegenstandes schicken.

Das brauchen Sie: Leine, einen Gegenstand, der Ihnen gehört und den der Hund gut aufnehmen kann (zum Beispiel ein Brillenetui oder eine Schlüsseltasche), Leckerlis.

Der Hund soll von sich aus bemerken, dass Sie etwas »verloren« haben und das anzeigen, indem er beispielsweise bei dem Gegenstand sitzen bleibt.

Große Freude über das Fundstück

Für den Aufbau des Spiels nehmen Sie den Hund an die Leine und gehen mit ihm einen Weg entlang. Dabei »verlieren« Sie einen Gegenstand, zum Beispiel ein (leeres) Brillenetui – und zwar so, dass der Hund es gut bemerken kann. Schnuppert er an dem Gegenstand, nehmen Sie den Gegenstand auf, freuen sich riesig darüber und loben und belohnen dann den Hund. Reagiert der Hund nicht auf den verlorenen Gegenstand, sondern geht einfach mit Ihnen weiter, kehren Sie nach ein paar Schritten um. Gehen Sie so dicht an dem Gegenstand vorbei, dass Ihr Vierbeiner quasi darüber»stolpert«. Bemerkt er nun den Gegenstand, freuen Sie sich, wie oben beschrieben, loben und belohnen ihn ausgiebig.

Du hast da was verloren …

Jetzt geht der Hund ohne Leine mit Ihnen und soll lernen, bei dem Gegenstand zu bleiben, um Ihnen auf diese Weise anzuzeigen, dass Sie etwas verloren haben. Nachdem Sie etwas »verloren« haben, gehen Sie nun aber weiter und beobachten Ihren Hund aus den Augenwinkeln. Sobald er auch nur das leiseste Zögern in Richtung Gegenstand zeigt, kehren Sie sofort um, loben ihn und freuen sich wieder überschwänglich über den »Fund«. Die Belohnung nicht vergessen! Funktioniert das gut, reagieren Sie beim nächsten Mal etwas später, bis Sie sich umdrehen und zu Ihrem Vierbeiner und seinem »Fund« zurückkehren. So lernt er allmählich, dass er bei dem verlorenen Gegenstand bleiben soll. Das Warten lohnt sich: Wenn Sie zu ihm zurückkehren, freuen Sie sich riesig über das Fundstück und belohnen ihn wiederum.

Eine Variante für Fortgeschrittene: Sie verlieren einen Gegenstand für den Hund wirklich unauffällig. Einige Schritte weiter »entdecken« Sie den Verlust und schicken den Hund zurück, um den verlorenen Gegenstand zu bringen, zum Beispiel mit dem Signal »Bring!«.

1. An der Leine: Anja hat ein rotes Brillenetui auf dem Weg »verloren«. Ihre Hündin Turbo schnuppert daran, Anja reagiert sofort mit einem Lob darauf und freut sich über Turbos »Fund«.

2. Ohne Leine: In einem zweiten Schritt hat Anja mit Turbo geübt, dass die Hündin den Verlust des Gegenstands selbstständig anzeigt. Dafür geht Anja nach dem »Verlieren« ein Stück weiter. Turbo setzt sich neben das Etui und macht Anja so auf den Verlust aufmerksam.

3. »Bring verloren«: Dieses Mal hat Frauchen etwas verloren, ohne dass Turbo es bemerken konnte. Einige Meter weiter schickt Anja ihre Hündin mit einem Wort- und Körper-Signal auf die Suche nach dem Gegenstand.

4. Gefunden: Turbo ist den Weg zurückgelaufen und hat den Gegenstand entdeckt. Die Hündin nimmt das rote Brillenetui auf und bringt es zu Anja zurück.

5. Zurückgebracht: Für das Zurückbringen wird Turbo kräftig gelobt, und sie erhält natürlich eine Belohnung dafür. Um den Schwierigkeitsgrad zu steigern, können Sie auch die Distanz vergrößern.

Richtig loben und belohnen

Das richtige Lob zur rechten Zeit und eine leckere Belohnung dazu – das macht aus jedem Hund einen begeisterten Mitspieler.

Echte Freude vermitteln

Ihr Hund unterscheidet sehr genau zwischen einem lauen »Gut gemacht …« und einem enthusiastischen »Suuuper, das hast du klasse gemacht!!!«. Loben Sie also wirklich überzeugend. Vor allem, wenn Ihr Spielkumpel erstmalig eine Aufgabe bewältigt, ist ein verbales Feuerwerk angesagt.

Ein kurzes Wort fürs Loben

Ein kurzes, hohes »Gut!« oder »Yiip!« bestätigt punktuell eine richtige Aktion. Zum Beispiel, wenn Sie einzelne Spielsequenzen üben, wie bei dem Futterbeutel-Spiel auf Seite 38. So ein Lobwort kann auch als Clickerersatz dienen (→ Seite 40). Die anschließende Futterbelohnung nicht vergessen …

Leckerli und Spiel als Belohnung

Den »kulinarischen« Typ belohnen Sie mit Leckerlis optimal, für weniger futterfixierte Hunde ist eher ein kurzes Spiel ideal. Probieren Sie es aus und kombinieren Sie eventuell beides. Tipp: Leckerli immer dann, wenn Sie punktuell etwas belohnen möchten, zum Beispiel ein einfaches »Sitz«. Ein kurzes spannendes Spiel, mit Ball oder Tau, ist als Belohnung von Handlungsketten ideal (zum Beispiel nach einem schönen »Slalom durch die Beine« auf Seite 56/57), oder nach einem Bewegungsspiel (Agility-Lauf).

Bitte nicht streicheln

Viele Hunde mögen es nicht, wenn man sie während eines Spiels oder einer Übung liebkost. Wie Sie das merken? Ihr Hund wendet Blick und Kopf ab und legt die Ohren an. Der Grund ist vielleicht, dass eine Berührung, und sei sie noch so gut gemeint, seine Aufmerksamkeit von der eigentlichen Aufgabe abzieht. Rüden reagieren auf ein lobendes Tätscheln während des Trainings übrigens oft noch irritierter als Hündinnen.

Unmittelbar loben und belohnen

Hat Ihr Hund etwas richtig gemacht, loben und belohnen Sie ihn sofort. Denn nur bei unmittelbarer Belohnung verknüpft er das mit der Handlung, die er gerade gezeigt hat. Das ist auch der Grund, warum sich das Clickertraining (→ Seite 40) für

Leckere Häppchen als Belohnung sind für die meisten Hunde einfach das Größte. Achten Sie aber darauf, dass Ihr Vierbeiner Ihnen das Leckerli nicht gierig aus der Hand reißt, sondern es gelassen entgegennimmt. Damit die schmackhaften Belohnungen nicht die Figur verderben, nehmen Sie am besten nur kleine Häppchen. Zählen Sie die Leckerlis stets von der täglichen Futterration ab.

viele Übungen so erfolgreich einsetzen lässt (oder Ihr entsprechend kurzes Lobwort, wie zum Beispiel »Yiip!« als Clickerersatz).

Abwechslung und »Jackpot«

Variieren Sie die Futterbelohnungen, geben Sie auch mal besonders attraktive Leckerlis, wie Käse, getrockneten Fisch oder Pansen etc. Kleine Stückchen genügen in der Regel. Für eine besonders tolle Leistung gibt es auch mal einen sogenannten »Jackpot«: Ordentlich mehr vom Guten, also eine richtige Handvoll.

Lob für Profis

Selbstverständliches wie »Sitz« oder »Platz« sollte auch ohne regelmäßige Futterbelohnung funktionieren (aber immer mit Stimmlob!). Allerdings halten auch hier hin und wieder leckere Häppchen die Motivation hoch, um bei der guten Leistung zu bleiben. Alles, was nicht zum täglichen Repertoire gehört oder im Aufbau ist, verdient jedoch immer eine Belohnung.

Ausgiebig schmusen ist für viele Hunde eine herrliche Sache (für Herrchen und Frauchen sowieso). Doch dabei ist der richtige Zeitpunkt sehr wichtig: Während einer Spielrunde haben es die meisten Hunde gar nicht so gern, wenn man sie zwischendurch streichelt. Es stört sie nämlich in ihrer Konzentration. Umso mehr freuen sie sich dann vielleicht über ein entspanntes Miteinander, wenn das Training beendet und dann Kuschelzeit angesagt ist.

Es muss nicht immer ein Leckerli sein: Eine Runde Toben ist ebenfalls eine ganz tolle Belohnung! Vor allem, wenn Ihr Vierbeiner sich für eine Aufgabe oder ein Spiel länger konzentrieren musste, ist ein freies Spiel ideal, um Anspannung abzubauen.

Die **Schnüffelspur**

Was trainiert wird: Jeder Hund hat einen genialen Geruchssinn. Doch einer bestimmten Spur konzentriert zu folgen, muss er erst lernen. Hier bringen Sie es ihm spielerisch bei und fördern das selbstständige Arbeiten.

Das brauchen Sie Ein Brustgeschirr, eine Leine, zwei Gegenstände als Start- und Schlusskennzeichnung der Spur, zum Beispiel einen Handschuh, ein Schlüsselbund etc.

Wenn Ihr Hund bisher noch keine Fährtenarbeit kennt, wird er bei diesem Spiel bestimmt auf den Geschmack kommen.

Fährte legen

Beginnen Sie mit einer einfachen Spur, idealerweise in etwas höherem Gras. Kennzeichnen Sie den Beginn mit einem Gegenstand. Von dort aus gehen Sie mit schlurfendem Schritt geradeaus, so dass ein zwei Fuß breites Geruchsband entsteht. Spuren Sie auf diese Weise etwa sieben bis zehn Meter, an das Ende der Spur wiederum einen Gegenstand legen. Dann treten Sie mit einem großen Schritt aus der Spur heraus und gehen in einem weiten Bogen zu Ihrem Hund zurück.

Immer mit Leine und Geschirr

Gehen Sie mit dem Hund an den Startpunkt der Spur. Lassen Sie ihn an dem Startgegenstand schnuppern. Fordern Sie den Hund mit einem für die Fährtenarbeit reservierten Signal, zum Beispiel »Spur!« oder »Fährte!«, zum zielgerichteten Schnüffeln auf. Um ihm anfangs zu helfen, zeigen Sie mit der Hand auf den Boden, wo die Spur beginnt. Sobald er den Geruch entdeckt hat, wird er ihm schnüffelnd folgen. Gehen Sie hinter ihm, die Leine darf leicht gestrafft sein. Wenn der Hund von der Spur abkommt, warten Sie einen Moment, ob er von selbst zurückfindet. Wenn nicht, helfen Sie ihm, indem Sie mit der Hand auf die Spur zeigen. Das Signal können Sie an dieser Stelle wiederholen, jedoch nicht zu oft. Sobald der Hund den Gegenstand erreicht hat, freuen Sie sich riesig über seinen Fund, loben ihn tüchtig und belohnen ihn, selbst wenn Sie ihm sehr geholfen haben. Wenn Sie diese erste Schnüffelspur drei oder vier Mal geübt haben, können Sie anspruchsvoller werden. Treten Sie die Spur nicht mehr schlurfend aus, sondern gehen Sie normal voran. Verlängern Sie die Spur und bauen Sie einen Winkel ein, später mehrere. »Profis« erschnüffeln sogar einen Kreis. Dabei ist es wichtig, jede neue Herausforderung in Ruhe zu trainieren, bis es gut klappt. Auch das korrekte Führen des Hundes ist wichtig: Worauf es dabei ankommt, finden Sie bei »Fährtenarbeit« auf Seite 148/149.

1. Fährte legen: Mit schlurfenden Schritten tritt Antje eine Spur. Für den Anfang am besten einfach geradeaus, etwa sieben bis zehn Meter lang. Für Anfänger in der Fährtenarbeit sind Spuren im hohen Gras ideal, weil es ihnen das Suchen erleichtert.

2. Fährte verlassen: Antje tritt aus der Spur heraus, damit ihr Geruch hier endet. Das Spurende markiert sie mit einem Gegenstand. Dann geht sie in einem großen Bogen zu ihrem Hund zurück.

3. Spurensuche: Für die Fährtenarbeit wird immer eine Leine und Geschirr verwendet. Rossini darf noch einmal an dem Startgegenstand riechen, dann geht es los.

4. Spur verfolgen: Die Nase tief am Boden folgt der Rüde dem Geruch seines Frauchens und schnüffelt die Trittspur entlang. Kommt er von der Spur ab, wartet Antje eine Weile, ob er von selbst wieder zurückfindet. Wenn nicht, zeigt sie ihm mit der Hand, wo es weitergeht.

5. Spurende erreicht: Als Rossini den Zielgegenstand erreicht hat, freut Antje sich riesig über ihren Nasenprofi und lobt ihn kräftig. Außerdem gibt es eine leckere Belohnung aus dem Futterbeutel.

Auf zur **Personensuche**

Was trainiert wird: Hier lernt der Hund, seinen Geruchssinn für das Auffinden eines Menschen einzusetzen und konzentriert einer Spur zu folgen. Dieses Spiel baut auf das Spiel »Schnüffelspur« → Seite 48 auf.

Das brauchen Sie: Ein Brustgeschirr, eine Leine, eine weitere Person, einen Gegenstand dieser Person, Klammern oder bunte Bänder zum Markieren der Spur im Gelände.

Jetzt wird es noch spannender für Spürnasen! Der Hund sucht nicht nur nach einer Fährte, sondern nach einer Fremdperson, die er anhand des Geruchs aufspürt. Lassen Sie ihn besser nicht nach Herrchen oder Frauchen suchen, denn viele Hunde werden nervös und unkonzentriert, wenn sie ihre Besitzer aus den Augen verlieren.

Bunte Klammern als Wegweiser

Wie bei jeder Fährtenarbeit wird auch hier mit Leine und Geschirr gearbeitet. Aufgebaut wird auf das Spiel »Schnüffelspur« (→ Seite 48). Die »Fremdperson« (die dem Hund aber bekannt sein darf) legt eine Fährte von anfangs etwa 20 bis 30 Metern. Dabei markiert sie die Strecke mit bunten Klammern oder Bändern, damit später erkennbar ist, ob der Hund tatsächlich der Fährte folgt. Ihren Vierbeiner binden Sie währenddessen sicher an, so dass er die Aktivitäten nicht beobachten kann. Am Ende der Fährte versteckt sich die Fremdperson zum Beispiel hinter einem Baum (nicht sichtbar für den Hund).

Mit einem Fährtensignal geht's los

Für den ungeübten Hund legen Sie den Gegenstand der zu suchenden Person an den Beginn der Fährte. Später lässt man den Hund nur noch daran riechen, und er muss die Fährte selbst entdecken. Doch zunächst führen Sie Ihren Hund an den Fährtenanfang, dort macht er »Sitz«. Geben Sie ihm den Gegenstand zum Riechen. Dann folgt das Signal für die Suche, zum Beispiel »Spur!« oder »Fährte!«. Der Hund beginnt, der Fährte zu folgen. Versteht er gar nicht, was er tun soll, weisen Sie mit Ihrer Hand ein kleines Stück die Spur entlang. Ist er schließlich auf der Spur und kommt zwischendurch ab (oder versucht, mit der Nase im Wind den Geruch aufzunehmen), bleiben Sie stehen und warten, ob er selbstständig zur Spur zurückfindet. Falls nicht, helfen Sie wiederum mit einer Handweisung auf die Spur. Der Hund soll in Ruhe seine Nase einsetzen können. Bleiben Sie also geduldig und wiederholen Sie das Signal nicht zu oft. Während Ihr Hund voran schnüffelt, gehen Sie hinter ihm. Hat er die Person gefunden, wird er dafür belohnt.

1. Fährte markieren: »Fremdperson« Kirsten markiert die Fährte mit farbigen Klammern und steckt sie so weit oberhalb der Spur, dass der Hund sie nicht wahrnehmen kann.

2. Duftprobe: Labrador Henry ist bereits ein fortgeschrittener Fährtensucher. Deshalb wird für ihn der Beginn der Fährte nicht mehr gekennzeichnet, sondern Anja hält ihm ein Halstuch der zu suchenden Person unter die Nase.

3. Auf der Fährte: Während Henry der Fährte folgt, läuft Susanne, sein Frauchen, hinter ihm. Die Schleppleine hat sie dabei locker in der Hand.

4. Hilfe im Notfall: Kommt Henry von der Fährte ab, lässt Susanne ihm etwas Zeit, die Spur wieder aufzunehmen. Gelingt ihm das nicht, gibt sie ihm Hilfestellung.

5. Person gefunden: Henry hat Kirsten entdeckt, die sich hinter dem Baumstamm versteckt hielt. Kirsten lobt Henry und belohnt ihn aus dem Futterbeutel.

Bewegungsspiele sorgen für Kondition

Rennen, Toben, Springen – die meisten Hunde lieben das über alles. Es kommt ihrem starken Bewegungsdrang entgegen, den sie von ihrem Stammvater, dem Wolf, geerbt haben. Denn der Wolf ist ja schließlich ein Lauftier. Auf der Suche nach Nahrung legen Wölfe in einer Nacht locker trabend Strecken von 20 bis 50 Kilometer zurück. Kaum ein Haushund bekommt heute die Möglichkeit, seine Lauffreude so ausgiebig auszuleben. Hinzu kommen die über die Jahrtausende gezüchteten Rasseunterschiede: Einen Basset würde das wölfische Pensum wohl weit weniger begeistern als beispielsweise einen Siberian Husky, dem Strecke und Tempo alles bedeuten.

Für beide Typen – und für die riesige Bandbreite dazwischen – sind Bewegungsspiele ideal, wenn man sie individuell auf die jeweiligen Bedürfnisse, auf das Alter und die Fitness des Hundes abstimmt. Bei den Spielen auf den folgenden Seiten geht es einmal vorwiegend um Tempo, zum Beispiel beim »Hunderennen« auf Seite 58, dann wieder vor allem um Geschicklichkeit, wie beim »Slalom durch die Beine« auf Seite 56 oder um das richtige Umsetzen von Richtungsanweisungen, wie »Auf die Böschung« auf Seite 60. Ihr Job dabei: Probieren Sie aus, was Ihrem Hund so richtig Spaß macht und mit welchen Spielen Sie seinen Bewegungsdrang in die richtigen Bahnen lenken.

Hindernis **umrunden**

Was trainiert wird: Der Hund lernt, auf Ihr Signal hin ein Hindernis (Pfosten, Baum, Busch) zu umrunden und zu Ihnen zurückzukehren. Dabei muss er sich auf Sie konzentrieren, um das jeweilige Signal richtig zu interpretieren.

Das brauchen Sie: Eventuell eine Leine für erste Versuche, Leckerlis als Belohnung, Hindernisse zum Umrunden.

Schluss mit der Langeweile auf Routinestrecken! Dieses Spiel macht jeden Spaziergang zu einem Abenteuerlauf. Es eignet sich auch prima, um »weitschweifende« Vierbeiner wieder zu etwas mehr Konzentration auf Herrchen oder Frauchen zu verhelfen. Und je besser das Umrunden funktioniert, desto mehr können Sie die Herausforderungen an Ihren vierbeinigen Liebling steigern.

Der erste Lernschritt

Der Hund soll begreifen, was es heißt, ein Hindernis zu umrunden. Bleibt Ihr Hund noch nicht sicher bei Ihnen, nehmen Sie ihn für diese erste Übung an die Leine.

Stellen Sie sich einen Schritt weit entfernt von einem Hindernis mit ihm auf, zum Beispiel vor einen Pfosten oder einen schmalen Baum. Wenn Sie Ihren Hund an der linken Seite haben, nehmen Sie ein Leckerli in die rechte Hand. Mit der linken Hand dirigieren Sie Ihren Hund nun um das Hindernis herum. Wird er auf der anderen Seite sichtbar, gehen Sie ein, zwei Schritte zurück – der Hund wird Ihnen folgen. Belohnen Sie ihn mit dem Leckerli aus der rechten Hand. Hat der Hund den Bewegungsablauf verstanden, können Sie das Signal dazu einführen, zum Beispiel »Links herum!«.

Der richtige Ablauf sieht schließlich so aus: Der Hund steht oder sitzt an Ihrer linken Seite, mit Blick zum Hindernis. Sie schicken ihn – in aufrechter Körperhaltung – mit einer linken Armbewegung um das Hindernis herum (bleiben dabei aber auf Ihrer Position), und belohnen den Hund aus der rechten Hand, wenn er bei Ihnen ankommt.

Distanz vergrößern

Sobald der Hund das Hindernis verlässlich umrundet, steigern Sie die Entfernung in sehr kleinen Etappen. Dafür sollten Sie ohne Leine mit dem Hund trainieren können. Doch Vorsicht, überfordern Sie Ihren Vierbeiner nicht! Jeder kleine Schritt weiter vom Hindernis weg ist für Ihren Hund durchaus eine große Leistung. Die Übung also Schritt für Schritt langsam aufbauen!

Wenn der Hund beim Umrunden auf einer Seite sicher ist, trainieren Sie auch die andere Seite. Das kann durchaus erst nach ein paar Wochen angebracht sein, je nachdem, wie intensiv Sie trainieren und wie schnell der Hund das Spiel annimmt.

Schwierigkeitsgrad erhöhen

Wenn Ihr Vierbeiner das Hindernis von beiden Seiten umrunden kann und das sicher funktioniert, können Sie sich alle möglichen Varianten ausdenken. Für den Hund ist es dabei schon eine große Herausforderung, wenn Sie ihn einen dickeren Baum umrunden lassen oder gar einen Busch, der für ihn unübersichtlicher ist. Damit es auch hier möglichst von Anfang an klappt, verringern Sie die Distanz zunächst bei jedem neuem Hindernis wieder, bis der Hund auch diese schwierigere Aufgabe problemlos umrundet.

Ist Ihr Vierbeiner beim Umrunden schon so richtig fit, überlegen Sie sich neue Aufgaben für ihn. Zum Beispiel können Sie den Hund nach dem Umrunden des Hindernisses zu einem »Stopp!« oder »Bleib!« auffordern (vorausgesetzt, er kennt dieses Signal) und ihn erst nach Auflösung des Signals weiter laufen lassen. Auch ein »Sitz!« oder »Platz!« zwischendurch ist eine neue Herausforderung. Oder Sie lassen ihn genau hinter dem Hindernis stoppen und schicken ihn dann mithilfe von Körper- und Stimm-Signal in die andere Richtung wieder um das Hindernis zurück. Mit einem »Profi« können Sie sogar trainieren, eine Baumgruppe zu umrunden oder eine Acht zwischen zwei Bäumen zu laufen. Dieses Spiel ist als Dauerbrenner für unterwegs ideal, weil es beinahe unendliche Möglichkeiten gibt, es zu variieren und auszubauen. Im Park zum Beispiel kann der Brunnen, die Sitzbank oder der kleine Teich ein Objekt zum Umrunden sein. Aber auch in der Wohnung ist es möglich, dieses Spiel mit Ihrem vierbeinigen Freund zu üben. Das macht Sie unabhängig von »Wind und Wetter«. Ein passendes Hindernis kann hier beispielsweise ein Stuhl sein, den Sie in die Mitte des Zimmers stellen oder der Tisch, wenn es um ihn herum genügend Bewegungsfreiraum gibt. Auch eine große Zimmerpflanze erfüllt den Zweck. Sie sehen, Ihrer Fantasie sind keine Grenzen gesetzt.

1. Objekt gefunden: Solch ein alleinstehender Baum lädt zum Umrunden ein. Biggi hat ihren Mischlingshund Joey zu sich heran gerufen und lässt ihn an ihrer linken Seite »Sitz« machen.

2. Und los geht's: Biggi schickt ihren Joey mit Körper- und Stimm-Signal auf den Weg. Joey soll den Baum rechts herum umrunden und dann wieder zu ihr zurückkommen.

3. Gar nicht so einfach: Aus dieser Entfernung ist das schon etwas für Könner. Der Rüde hat das Umrunden schon auf vielen Spaziergängen geübt und ist richtig fit darin. Trotzdem bekommt er nach jeder perfekten Runde eine Belohnung.

4. Nimm zwei: Beide Hunde sollen den Baum in entgegengesetzter Richtung umrunden. Mithilfe von Stimme und Arm-Signal schickt Biggi die beiden los.

5. Hohe Anforderung: Lola soll Joey umrunden. Das erfordert große Konzentration und Disziplin, denn sie dürfen sich nicht gegenseitig beschnüffeln und müssen die Nähe des anderen Hundes aushalten. Diese Version eignet sich nur für Hunde, die sich kennen und mögen.

Slalom durch die Beine

Was trainiert wird: Hier geht es um Geschicklichkeit – und um richtig gute Teamarbeit! Denn Hund und Halter bewegen sich miteinander, und doch hat jeder seinen eigenen Part ...

Das brauchen Sie: Leckerlis, sportliche Kleidung (Rock, Kleid oder Mantel sind ungeeignet).

Dieses Spiel macht gute Laune! Die meisten Hunde lernen es recht schnell, wenn man nicht gleich zu viel von ihnen verlangt.

In jeder Hand ein Leckerli

Und das ist die Aufgabe: Sie gehen mit großen Schritten langsam vorwärts (später auch schneller), und Ihr Hund läuft auf ein Handzeichen von Ihnen in einer Slalom-Bewegung durch Ihre Beine hindurch. Dafür platzieren Sie ihn zunächst an Ihrer Seite, so dass er mit seiner Schulter parallel zu Ihrem Knie steht. In jeder Hand halten Sie ein Leckerli. Steht er beispielsweise an Ihrer rechten Seite, gehen Sie mit dem linken Bein einen großen Schritt vorwärts und locken den Hund mit der linken Leckerli-Hand durch Ihre Beine hindurch. Während er hindurchgeht, loben Sie ihn. Das Leckerli gibt es erst, wenn er parallel zu Ihrem linken Bein steht – erst dann zum nächsten Schritt ansetzen. Das ist wichtig, damit der Hund die Slalom-Bewegung nicht zu früh abbricht. Dann folgt der gleiche Ablauf, nun von links startend – dann rechtes Bein vor und den Hund mit dem Leckerli in der rechten Hand hindurchlocken.

Schwierigkeitsgrad langsam steigern

Wiederholen Sie die Übung zwei, drei Mal, bis der Hund den Bewegungsablauf verstanden hat. Dann können Sie die Slalomlänge schrittweise aufbauen. Ein Leckerli gibt es dann nicht mehr für jeden einzelnen Slalom-Schritt, sondern erst am Ende einer kleinen Schrittkette. Hören Sie jedoch mit dem Training auf, bevor der Hund lustlos wird.
In einem nächsten Schritt bauen Sie die Leckerlis zwischendurch ab. Dafür führen Sie ein deutliches Sichtzeichen ein: Soll der Hund von links nach rechts durchlaufen, geben Sie mit der linken Hand ein entsprechendes Richtungszeichen (→ Foto 4, Seite 57). Die Belohnung gibt es dann aus der rechten Hand. Klappt das gut, bleibt das Leckerli beim nächsten Mal in der Tasche. Der Hund bekommt es erst, wenn er durchgelaufen ist. Schließlich erhält er die Belohnung nur noch am Ende der Slalom-Kette. Auf diese Weise bekommen Sie einen flüssigen Slalom-Lauf hin. Ein eingespieltes Team kann das Ganze natürlich auch im Rückwärtsgang trainieren – dann aber wieder Schritt für Schritt ...

1. Das Leckerli zieht: Caro ist mit ihrem Hund Toni von der rechten Seite aus gestartet. Nach einem großen Schritt mit dem linken Bein lockt sie ihn mit einem Leckerli in der linken Hand durch ihre Beine hindurch.

2. Belohnung verdient: Das Leckerli bekommt Toni erst, als er wieder parallel an Caros linkem Bein steht. Damit bringt sie Toni bei, die Slalom-Bewegung bis zum Ende korrekt auszuführen. Denn nun steht er bereits in der richtigen Start-Position für den nächsten Slalom-Schritt.

3. Auf Handzeichen: Caro kann schon fast aufrecht voran schreiten. Sie gibt ihrem Toni nur noch ein Handzeichen für die Richtung an. Ein Leckerli erhält er nun erst am Ende einer Slalom-Kette.

4. Für Könner: Ein Handzeichen von Caro genügt, und Mischlingshund Toni läuft eine ganze Strecke im Slalom durch Frauchens Beine hindurch.

Das **Hunderennen**

Was trainiert wird: Hier werden Konzentration und Disziplin auf die Probe gestellt, denn der Hund muss auf sein Signal warten, bevor er losrennt, und er darf dem anderen Hund nicht hinterhertoben.

Das brauchen Sie: Einen Mitspieler mit Hund – beide Hunde sollten sich kennen und sehr gut verstehen –, Leckerlis zum Belohnen der Hunde.

Eine Runde mit anderen Hundebesitzern ist immer eine schöne Abwechslung und durchaus eine gute Möglichkeit für ein gemeinsames Spiel. Bei diesem Hunderennen kommt es zunächst nicht auf das Tempo an, sondern auf die Fähigkeit Ihres vierbeinigen Teampartners, geduldig abzuwarten, bis er dran ist! Voraussetzung für das kurzweilige Spiel ist das Signal »Bleib!«, das Ihr Hund beherrschen sollte. Denn zunächst wird bei diesem Hunderennen immer nur einer der beiden Läufer abgerufen. Der andere muss brav an der Start-Position sitzen bleiben, bis schließlich auch das Start-Signal für ihn kommt und er starten darf.

Erst mal einzeln üben …

Üben Sie zunächst das Abwarten mit Ihrem Hund. Dafür macht er »Sitz«, Sie entfernen sich etwas, kehren dann zu ihm zurück und belohnen ihn fürs geduldige Warten. Dann trainieren Sie den Abruf. Beginnen Sie mit einer kurzen Distanz. Lassen Sie ihn »Sitz« machen und geben Sie ihm das Signal »Bleib!«. Entfernen Sie sich nun ein paar Schritte, stellen Sie sich frontal zu ihm auf und rufen Sie ihn mit motivierender Stimme zu sich. Loben Sie ihn überschwänglich, wenn er bei Ihnen ankommt und belohnen Sie ihn.

… dann folgt der Doppel-Einsatz

Wenn das gut klappt, führen Sie und Ihr Mitspieler beide Hunde zum Startpunkt und geben ihnen jeweils das Signal zum Bleiben. Anfangs wieder nur wenige Schritte entfernen, dann zu den Hunden umdrehen. Vereinbaren Sie zuvor, wer seinen Hund als Erstes zu sich ruft. Klappt es auf Anhieb – ein Hund stürmt auf seinen Besitzer zu, der andere bleibt brav sitzen –, dann ist ein dickes Doppellob fällig! Hat es mit dem Abwarten an der Start-Position noch nicht geklappt, führen Sie den »Frühstarter« wortlos, aber freundlich zum Start zurück und beginnen das Spiel noch einmal – dieses Mal mit kürzerem Abstand. Wenn er jetzt gut durchhält, gehen Sie zu ihm hin und belohnen ihn. Nun können Sie die Distanzen ganz allmählich ausbauen. Als Abschlussrunde lassen Sie beide Hunde gleichzeitig starten – und hier kommt dann auch die Tempofrage ins Spiel!

1. Start-Position: Amy und Jumping Sioux beherrschen das Signal »Bleib!« schon sehr gut. Mit Hochspannung blicken sie auf ihre Besitzer und warten auf das Signal zum Durchstarten.

2. Ladys first: Amy darf zuerst starten. Der Futterbeutel in der Hand ihres Frauchens erhöht den Reiz, schnurstracks zu ihr zu laufen. Dort angekommen, erhält sie eine Belohnung daraus. Sioux bleibt währenddessen brav sitzen.

3. Jetzt kommt Sioux: Kirsten hat Amy an den Startpunkt zurückgebracht, und nun ist endlich Sioux an der Reihe. Klaus ruft seinen Nova Scotia Duck Tolling Retriever zu sich, und jetzt muss Amy sitzen bleiben. Über diese Entfernung ist das schon eine richtig gute Leistung.

4. Das Rennen: Ein kleines Wettrennen zum Schluss: Beide Hunde warten ruhig ab, bis das Signal zum Start erfolgt – dieses Mal für beide gleichzeitig. Beide rennen zielstrebig auf ihre Besitzer zu.

»Bergsteigen« leicht gemacht

Was trainiert wird: Der Hund lernt sich zu konzentrieren, selbstständig Ihrer Richtungsanweisung zu folgen und auf Distanz Signale auszuführen.

Das brauchen Sie: Eine kleine Böschung, Leckerlis.

Eine tolle Konzentrationsaufgabe für unterwegs! Und ideal, wenn Ihr Hund wieder mal »vergessen« haben sollte, dass er nicht alleine unterwegs ist …

Ein kleiner Hügel für den Anfang

Zunächst lernt der Hund, sich von Ihnen in eine bestimmte Richtung schicken zu lassen. Dafür suchen Sie sich ein Hügelchen und stellen sich mit Ihrem Hund davor auf. Schicken Sie den Hund nun mit einer Armbewegung und einem Wort-Signal, zum Beispiel »Hinauf!«, auf die Böschung. Geht der Hund nur einen oder zwei Schritte und bricht die Laufbewegung dann ab, ist die Böschung noch zu hoch. Wählen Sie eine niedrigere, notfalls so klein, dass zwei Schritte des Hundes genügen, um oben anzukommen. Dafür wird der Hund gelobt, und noch an Ort und Stelle verstärkt ein Leckerli die Freude. Dann rufen Sie den Hund wieder zu sich, mit Ihrem dafür üblichen Signal – auch das wird belohnt. Schicken Sie ihn noch ein, zwei Mal die Mini-Böschung hinauf. Das genügt fürs Erste.
In einem nächsten Schritt können Sie trainieren, dass Ihr Vierbeiner oben auf der Böschung kleine Übungen ausführt, zum Beispiel »Sitz« oder »Platz«. Dafür wird er natürlich jedes Mal kräftig gelobt. Dann rufen Sie ihn wieder zurück.

Oben wird es knifflig

Mit der Höhe der Böschung wächst die Herausforderung für Ihren Hund. Deshalb immer nur in kleinen Etappen steigern: Halten Sie Ausschau nach ein wenig höheren Hügeln und üben Sie dort. Um die Aufgabe für den Hund attraktiver zu machen, können Sie gelegentlich auch mal den Futterbeutel oben verstecken.
Wenn der Hund das Raufschicken und zu Ihnen Zurückkehren schon richtig gut kann, dürfen Sie oben auch mal Raffinierteres abrufen, zum Beispiel kleine Kunststücke, die Ihr Hund bereits gut beherrscht. Die Übungen oben beenden Sie immer mit einem Rückruf, den der Hund ordentlich ausführen sollte – erst dann geht es weiter mit dem Spaziergang. Für Fortgeschrittene gibt es schwierigere Varianten: Stoppen Sie beispielsweise den Hund beim Hoch- oder Zurücklaufen von einer nicht zu steilen Böschung und lassen Sie ihn erst dann weiterlaufen.

1. Hoch hinauf: Anja schickt Turbo mit einem Wort- und Sicht-Signal eine hohe Böschung hinauf. Für Anfänger ist diese Höhe noch zu anspruchsvoll. Doch Turbo kennt das Spiel, und sie liebt es.

2. Aufgaben stellen: Oben führt Turbo aus, was Anja ihr von unten signalisiert – das ist über diese Distanz eine tolle Leistung. Hoch aufmerksam verharrt die Hütehund-Dame im »Sitz«, bis das nächste Signal kommt.

3. Abstieg: Nach einigen Übungen oben auf der Böschung ruft Anja Turbo mit einem Wort-Signal und einem klaren Körper-Signal zu sich zurück. Turbo stürmt freudig herunter.

4. Und weiter geht's: Die Hündin lässt sich auf dem Weg nach unten oder oben auch gut stoppen. Doch diese Übung ist schon eher etwas für Könner. Und nun setzen Anja und Turbo ihren Spaziergang fort.

Durch den **Reifen springen**

Was trainiert wird: Schon ein Hundekind kann man spielerisch durch einen Reifen locken und es auf diese Weise mit ersten »Sportgeräten« vertraut machen. Dabei lernt es, seine Bewegungen sinnvoll zu koordinieren. Für ältere Hunde ist dieses Spiel eine prima Geschicklichkeitsübung.

Das brauchen Sie: Je nach Hundegröße einen kleinen, mittleren oder großen Hula-Hoop-Reifen.

Ob Youngster, Kleinhund oder großer Vierbeiner: Für jede Größe gibt es einen passenden Reifen. Den Schwierigkeitsgrad der Übung passen Sie dem Alter und der Kondition Ihres Hundes an. Doch schon ein Hundekind kann man spielerisch durch einen Reifen locken. Dabei lernt es, seine Bewegungen sinnvoll zu koordinieren. Ein Welpe beginnt also zunächst als »Durchsteiger«, denn große Sprünge darf er mit seinen jungen Knochen ja noch nicht machen (→ Fahrrad fahren, Seite 110/111). Für erwachsene, gesunde Hunde gilt: Je sprungfreudiger, desto höher, aber immer sicher – also niemals den Hund ins Ungewisse springen lassen.

Erst mal schnuppern lassen

So ungefährlich uns Menschen der Reifen erscheint, so manchem Hund kann er zunächst einmal Angst machen. Geben Sie ihm Gelegenheit, sich mit dem unbekannten Ding vertraut zu machen. Legen Sie den Reifen wortlos vor ihm auf den Boden. Irgendwann wird er sich dem »Ding« neugierig nähern und vorsichtig daran schnuppern. Mit einem Leckerli in der Mitte des Reifens (für ganz Schüchterne näher am Rand) wird die Angelegenheit jedoch immer interessanter …

Hat der Hund sich an das Rund gewöhnt, stellen Sie den Reifen mit einer ruhigen Bewegung vor ihm auf und locken ihn mit einer Futterbelohnung hindurch. Hat das mehrmals gut funktioniert, können Sie auch ein Wort-Signal dazu einführen, zum Beispiel »Durch!« oder auch »Hulahoop!«.

Weicher Boden unter den Pfoten

Steigern Sie die Übungsanforderungen ganz langsam. Halten Sie den Reifen nach und nach ein wenig höher – für einen Junghund maximal so hoch, dass er keine hohen Sprünge machen muss (→ Seite 110/111). Achten Sie darauf, dass der Hund immer auf weichem Boden landet. Der Reifensprung ist meist schnell erlernt. Langeweile kommt dennoch nicht auf, wenn Sie sich immer wieder neue Varianten einfallen lassen.

Reifensprung mit Abwandlungen

Zum Beispiel diese: Ihr Hund wartet zunächst im »Sitz« ab, bevor Sie ihm das Signal zum Durch-

1. Reifen kennenlernen: Kleiner Hund, kleiner Reifen: Für den Yorkshire-Terrier mit dem »großen« Namen Monster ist diese kleinste Hula-Hoop-Version genau richtig. Den Reifen durfte er zunächst beschnuppern und hat nun keine Angst mehr vor ihm.

2. Der erste Durchlauf: Sandra hat ihren kleinen Rüden zunächst »Sitz« machen lassen und lockt ihn nun mit einem Leckerli durch den Reifen. Dazu gibt sie ihm ein passendes Wort-Signal. Nach ein paar Probeläufen hat Monster verstanden, worum es geht.

springen geben. Dann können Sie den Abstand zum Hund langsam vergrößern, so dass er erst eine kleine Laufstrecke absolvieren muss, bevor er zum Sprung ansetzen kann. Belohnung nicht vergessen! Jede größere Distanz ist eine Herausforderung. Klappt es nicht, verkürzen Sie den Abstand wieder. Versuchen Sie nicht, den Hund mit kleinen Tricks zu höheren Sprüngen zu bewegen. Kurz vor dem Sprung den Reifen hochzureißen ist absolut tabu. Hier droht Verletzungsgefahr! Der Hula-Hoop-Reifen bietet viele lustige Spielmöglichkeiten: Legen Sie zwei oder drei der Reifen auf den Boden und schicken Sie Ihren Vierbeiner von einem zum anderen (→ Foto, Seite 12). In jedem Reifen absolviert der Hund eine Übung, zum Beispiel »Sitz« oder »Platz«. Für Kinder, die bereits gelernt haben, kleinere Aufgaben mit ihrem Hund zu trainieren, eignen sich Reifenspiele hervorragend.

3. Der erste Sprung: Auf weichem Boden ist diese Sprunghöhe für den Yorkie gut zu bewältigen. Sandra hält den Reifen weit genug vom eigenen Körper weg, so dass der Hund genügend Sprungfreiheit hat.

Das »Baumtouch«

Was trainiert wird: Hier bringen Sie dem Hund bei, selbstständig einer Richtungsanweisung zu folgen und dort eine bestimmte Handlung auszuführen.

Das brauchen Sie: Einen Clicker (→ Seite 40), einen Stab zum Beispiel aus der Garten- oder Balkonarbeit, ein Hindernis zum Berühren (hier einen Baum), Leckerlis.

Dieses Spiel lässt sich immer und überall – auch in der Wohnung – als kleine Aufmerksamkeitsübung einbauen. Der Hund berührt auf Ihr Signal hin ein Hindernis, das Sie ihm anzeigen (hier einen Baum). Voraussetzung ist, dass Ihr Hund mit dem Clickertraining vertraut ist (→ Seite 40).

Training mit dem Target Stick

Mithilfe des Clickers bringen Sie Ihrem Hund zunächst bei, einen Stab mit der Nase zu berühren, im Fachjargon spricht man vom »Target Stick«. Dafür stellen Sie sich zu Ihrem Hund, halten den Stab locker in der Hand und warten darauf, dass der Hund neugierig daran schnuppert. Für jedes Schnuppern am Stab gibt es ein Click! und ein sofortiges Leckerli. Hat der Hund verstanden, worum es geht, nämlich den Stab zu berühren, »formen« Sie sein Verhalten mithilfe des Clickers weiter: Nun soll der Hund lernen, den Stab nur noch am Ende zu berühren. Clicken Sie jedes Mal, wenn der Hund den Stab ein Stückchen weiter unten berührt (Leckerli nicht vergessen). Geht er mit der Nase zuverlässig nur noch ans Stabende, können Sie ihn nun mühelos überall hindirigieren, und zwar punktgenau. Und genau dieses Verhalten brauchen wir für dieses Spiel.

Ran an den Baum

In einem nächsten Schritt dirigieren Sie Ihren Hund mithilfe des Target Sticks an einen Baum – er hat ja gelernt, dem Stab mit der Nase zu folgen. Clicken Sie, wenn der Hund den Punkt am Baumstamm berührt, den Sie mit dem Stab kennzeichnen. Wenn der Hund verstanden hat, worum es geht, führen Sie ein Wort-Signal dazu ein, zum Beispiel »Ran an den Baum!«. Hat der Hund das Signal verinnerlicht, wird er den Baumstamm nun auch ohne Stab mit der Nase berühren, probieren Sie es aus. Gelingt ihm das noch nicht, gehen Sie einen Übungsschritt zurück (→ Expertentipp, Seite 31). Schließlich können Sie das Signal aus der Entfernung trainieren. Dafür treten Sie in kleinen Schritten immer weiter vom Baum zurück – bis Sie Ihren Hund über ein paar Meter schicken können. Lassen Sie sich für dieses Spiel Zeit.

1. Berührung üben: Amy folgt dem Stab und berührt den Baum an der Stelle, die die Stabspitze markiert. Dafür gibt es ein Click! und ein Leckerli.

2. Die Spannung steigt: Kirsten stellt sich einige Meter vor dem Baum auf. Sie bringt ihren Hund in die Sitz-Position. Bevor Sie das Wort-Signal zum Baum-Berühren gibt, überprüft sie, ob Amy sie aufmerksam und gespannt anschaut.

3. Auf zum Baum: Erst dann schickt sie ihre Irish Terrier-Hündin mit dem Signal »Ran an den Baum!« los. Der Arm zeigt dem Hund die Richtung an, Amy läuft zielstrebig auf den Baum zu.

4. Aufgabe gelöst: Die Hündin berührt den Baum auf der gewünschten Höhe. So hat sie es zuvor mit dem Target Stick und dem Clicker geübt.

Mit dem **Hund unterwegs**

Wie vermeiden Sie Stress und Ärger, wenn Sie mit Ihrem Vierbeiner unterwegs sind? Ganz einfach: Mit etwas Rücksicht und einigen wenigen Regeln wird das Spiel oder der Spaziergang mit Hund zu einer entspannten Sache für alle Seiten.

1 **Hundehäufchen:** Was der Hund hinterlässt, gehört in eine Häufchentüte – und ab damit in den nächsten Mülleimer. Die Gassibeutel gibt es im Tierhandel (auch online), und immer mehr Städte und Gemeinden stellen Tütenspender auf. Manchmal ist der Abfalleimer zum Entsorgen gleich dabei.

2 **Jogger, Fahrradfahrer, spielende Kinder:** Für viele Hunde sind das so große Reize, dass sie wie magisch angezogen werden! Wenn's Ihrem Vierbeiner auch so geht: Bringen Sie ihm bei, diese Reize zu ignorieren, zum Beispiel mit einem Schleppleinentraining (ggf. mit professioneller Unterstützung).

3 **Unerwünschte Mitspieler:** Wenn Sie unterwegs ein Spiel mit Ihrem Hund trainieren und ein anderer Vierbeiner neugierig zu nahe kommt, brechen Sie das Spiel ab. So vermeiden Sie mögliches Gerangel um ein Spielobjekt und bringen Ihren Hund nicht in den Zwiespalt, sich auf Sie und die Annäherung zugleich konzentrieren zu müssen.

4 **Fremde (Hosen-)Beine sind tabu:** Jeden Menschen freundlich zu begrüßen ist zwar vom Hund nett gemeint, kommt in der Regel aber nicht gut an. Wenn er es nicht lassen kann, ist Schleppleinen-Training angesagt. Und so geht's: Beobachten Sie, dass der Hund einen fremden Menschen anpeilt, nehmen Sie die Schleppleine auf (ohne den Hund anzuschauen oder anzusprechen) und gehen ganz entspannt einen Bogen um das Objekt der Begierde. Wenn der Hund folgt, loben und belohnen Sie ihn kräftig. Schließlich wird er begreifen, von sich aus einen höflichen Abstand zu halten.

5 **Mit und ohne Leine:** Unter vielen Hundebesitzern ist es ein ewiges Streitthema, ob der frei laufende Hund auf den angeleinten Hund zulaufen darf. Darf er nicht, denn damit bringt er den Hund an der Leine in eine schwierige Lage. Der kann schließlich nicht ausweichen und sich nur bedingt wehren, falls es brenzlig wird. Viele angeleinte Hunde reagieren deshalb deutlich gestresst, wenn sie in eine solche Situation geraten, der dazu gehörige Hundehalter sowieso. Also auch hier wieder einen höflichen Bogen um die beiden schlagen.

6 **Markieren:** Rüden markieren nun einmal gern und häufig (manche Hündinnen übrigens auch). Doch hemmungsloses Überall-Pinkeln ist unangebracht und auch nicht nötig. Man kann dem Hund beibringen, nicht jede Parkbank, den Blumentrog, die Hauswand oder einen Autoreifen zu markieren. Und auch die Hindernisse auf dem Agility-Parcour brauchen keine Berieselung …

7 **Keine Beutespiele mit anderen Tieren:** Ob beispielsweise Enten und andere Vögel, Wildtiere wie etwa Kaninchen und Rehe oder Katzen – jedes Tier empfindet Panik, wenn es gejagt wird. Das gilt auch dann, wenn Ihr Vierbeiner den Tieren nur hinterhertobt. Bremsen Sie deshalb bereits Ihren Welpen von Anfang an beim Beginn eines selbstständigen Beutespiels dieser Art energisch ein.

Kunststücke für vierbeinige Showtalente

Was nach Zirkusnummer klingt, ist nichts anderes als eine besonders anschauliche Beschäftigung mit dem Vierbeiner. In engem Zusammenspiel zeigen Hund und Mensch erstaunliche Fertigkeiten, die sie Schritt für Schritt gemeinsam einstudiert haben – ohne Drill und ohne Druck, nur mit Freude, Spaß, Lob und Belohnung. Und das ist für beide eine tolle Leistung! Manches sieht nach leichter Übung aus, wie der »Kreisel«, bei dem der Hund lernt, sich auf Ihr Signal einmal um sich selbst zu drehen. Oder aber ganz schön schwierig, zum Beispiel das »High Five«, bei dem der Hund mit seinen Pfoten Ihre Hände abklatscht (→ Seite 69). Das Erstaunliche daran: Die Talente sind bei unseren Vierbeinern genauso unterschiedlich verteilt wie bei uns Menschen. Während der eine Hund eine komplexe Übung im Nu versteht und mühelos ausführt, hat der andere Probleme mit einer vermeintlich ganz einfachen Aufgabe … Deshalb kommt es auch hier wieder darauf an, die Fähigkeiten Ihres vierbeinigen Spielpartners richtig einzuschätzen, damit Sie das Training »typgerecht« gestalten können. Und falls Sie jetzt immer noch ein leichtes Unwohlsein beschleicht, wenn Sie an zirkusreife Nummern denken, trainieren Sie ganz einfach ohne Publikum: Den »Beifall« für Ihren Vierbeiner dürfen Sie aber trotzdem nicht vergessen! Den hat er sich schließlich für seine Bemühungen redlich verdient.

Das **High Five**

Was trainiert wird: Bei diesem kleinen Kunststück ist vor allem Geschicklichkeit gefragt. Ihr Hund lernt, seine Pfoten exakt auf Ihre Hände zu legen, und zwar in dem von Ihnen vorgegebenen Rhythmus.

Das brauchen Sie: Einen rutschfesten Untergrund, damit der Hund sicher sitzt, Leckerlis.

Das Abklatsch-Spiel »High Five« lernen viele Hunde recht schnell, auch wenn die Übung zunächst kompliziert aussieht. Die meisten haben sichtlich Spaß am Training – vielleicht, weil sich die Zuschauer besonders freuen, wenn es klappt. Die Geste stammt ursprünglich aus den USA. Sie ist dort zum Beispiel unter Sportlern üblich, wenn es einen Erfolg zu »beklatschen« gibt.
Hat ein Spieler einen tollen Spielzug oder gar ein Tor vollbracht, hält ihm ein anderer eine Handfläche etwa in Kopfhöhe hin (»high«), woraufhin der erfolgreiche Spieler mit allen fünf Fingern seiner Hand (»five«) mit einem lauten Klatschen darauf schlägt – Ausdruck der gemeinsamen Freude. Außerhalb des Sports wird »High Five« oft zwischen zwei Personen ausgetauscht, wenn sie unbedingte Zustimmung ausdrücken wollen bzw. sich über etwas absolut einig sind.

Ziel des Spiels

»High five«, oft auch »Gimme five« genannt, gibt es in vielfacher Abwandlung. Wir üben mit dem Hund das unter Kindern übliche Abklatschen im Dreier-Rhythmus. Dafür gehen Sie vor dem Hund in die Hocke, klatschen zunächst in beide Hände, halten ihm dann eine Hand in Kopfhöhe hin, auf die der Hund die gleichseitige Vorderpfote legt, dann klatschen Sie erneut, halten ihm Ihre andere Hand hin – der Hund reagiert mit seiner anderen Pfote. Dann gibt es ein drittes Klatschen, und Sie strecken dem Hund beide Hände hin – woraufhin der Hund sich aufrichtet, um schließlich beide Vorderpfoten auf Ihre Hände zu legen.

Erst mal ein Pfötchen ...

In einem ersten Schritt bringen Sie dem Hund bei, die Vorderpfoten in Kopfhöhe zu heben, zum Beispiel so: Sie lassen den Hund »Sitz« machen, nehmen ein Leckerli in die Hand und führen die Hand so weit über seine Schnauze, bis er schließlich versucht, mit einer Pfote daran zu kommen. Berührt er dabei mit der Pfote Ihre erhobene Hand, bekommt er das Leckerli als Belohnung. Hat der Hund die Bewegung grundsätzlich verstanden, üben Sie das Gleiche mit der anderen Pfote. Klappt das auf beiden Seiten, üben Sie nun ohne Leckerli in der jeweiligen Abklatschhand. Legt der Hund seine Pfote in Ihre Handfläche, gibt es das Leckerli

aus der anderen Hand. Trainieren Sie beide Seiten, bis das gut funktioniert. Üben Sie diese einzelnen Schritte aber nicht zu oft, sondern bauen Sie die Bewegungsabläufe langsam auf – zwei, drei Mal pro Durchgang sind genug.

Beide Pfoten gleichzeitig

Dann geht es zum etwas schwierigeren Part dieser Übung: Der Hund soll beide Pfoten in Ihre ausgestreckten Hände legen und sich dafür auf die Hinterbeine setzen. Wieder beginnen Sie mit einer Futterbelohnung in der Hand, die Sie dann über seine Schnauze führen, bis er mit den Pfoten danach greift – dieses Mal aber mit beiden. Tut er das, gibt es die Belohnung dafür. Versucht er es nur mit einer Pfote, nehmen Sie Ihre Hände etwas höher. Wichtig: Der Hund soll dabei sitzen bleiben. Stellt er sich jedoch auf die Hinterbeine, waren die Hände zu hoch – probieren Sie die richtige Höhe aus. Je größer der Hund ist, desto mehr hat er damit zu tun, die Balance zu halten. Bauen Sie das Aufrichten unbedingt langsam auf. Belohnen Sie jedes Stückchen, das der Hund weiter nach oben schafft – bis Ihr Vierbeiner tatsächlich beim Abklatschen auf den Hinterläufen sitzt.

Und nun im Dreier-Rhythmus

Wenn Ihr Hund alle einzelnen Bewegungen sicher beherrscht, können Sie die komplette Übung im Dreier-Rhythmus trainieren: Händeklatschen, rechte Hand, linke Pfote, Händeklatschen linke Hand, rechte Pfote, Händeklatschen, beide Hände, beide Pfoten.

Ein Wort-Signal brauchen Sie für diese Übung nicht unbedingt (Sie können aber eines einführen), denn das Händeklatschen hat einen so starken Aufforderungscharakter, dass Ihr Hund mit Sicherheit darauf reagieren und schnell begreifen wird, was Sie von ihm erwarten. Und nun viel Spaß bei diesem lustigen Spiel.

1. Pfote hoch: Georg bringt Monokel bei, die Pfote in die Höhe zu recken, um damit seine Hand zu erreichen. Anfangs gibt es eine Belohnung, sobald die Hündin die Pfote anhebt, dann nur noch, wenn sie ein Stückchen weiter hoch »greift« – bis sie die Handfläche erreicht hat.

2. Seitenverkehrt: Hier klappt es schon recht gut, die Pfote ist fast ganz oben. Allerdings bietet Monokel hier die falsche Seite an: Wenn Georg seine rechte Hand hebt, soll Monokel spiegelverkehrt mit der linken Pfote reagieren.

3. Linke Hand, rechte Pfote: So ist es richtig. Herrchen hält seiner Dalmatinerhündin die linke Handfläche in Kopfhöhe hin, die Dalmatinerhündin legt ihre rechte Pfote hinein.

4. Alles klar: Nun klappt es auf beiden Seiten. Auf die ausgestreckten Handflächen von Georg reagiert Monokel mit der richtigen Pfote.

5. Perfekt: Monokel hat den gesamten Bewegungsablauf verstanden und sitzt für das Abklatschen mit beiden Händen bzw. Pfoten fast ganz aufrecht auf ihren Hinterläufen.

Die **Rolle**

Was trainiert wird: Wenn Hunde sich wohlfühlen, wälzen sie sich gern. Mit Ihrer Hilfe wird daraus eine kleine Koordinationsübung.

Das brauchen Sie: Einen weichen Untergrund für die Rollbewegung des Hundes.

Für dieses kleine Kunststück sollte Ihr Hund das Signal »Platz« beherrschen, weil Sie mit dem Aufbau der Übung aus dieser Position heraus starten. Wenn die Übung beendet ist, genügt ein Sicht- und Wort-Signal, damit der Hund auf dem Boden eine Seitwärts-Rolle absolviert und schließlich wieder auf allen vieren landet.

Nicht mit vollem Magen

Geübt wird nur, wenn der Hund seine Mahlzeit vollständig verdaut hat und nicht gerade intensiv am Wassernapf war. Denn mit vollem Magen, ob Futter oder viel Wasser, besteht für die Vierbeiner die Gefahr einer Magendrehung.

Sicher in die Seitenlage

Lassen Sie Ihren Hund zunächst »Platz« machen. Gehen Sie zu ihm in die Hocke und bringen Sie ihn mit einer Futterbelohnung in der Hand allmählich dazu, sich auf die Seite zu legen. Folgt er Ihrer Hand ein Stück weit, geben Sie ihm das Leckerli. Üben Sie das in Etappen so oft, bis Ihr Vierbeiner seitlich auf dem Boden liegt. Braucht Ihr Hund viele Schritte bis dahin, verteilen Sie die Übung am besten über einen oder mehrere Tage. Im nächsten Schritt führen Sie die Hand mit der Futterbelohnung Richtung Hundeknie, über die Lendenwirbelsäule nach hinten. Nun muss sich der Hund aus der Seitenlage herumdrehen, um an das Leckerli zu kommen. In dieser Phase können Sie auch das Wortsignal einführen, zum Beispiel »Rolle«. Sagen Sie es jedes Mal, kurz bevor der Hund von der einen Seite auf die andere rollt.

Auf die Beine

Wenn Ihr Vierbeiner die Drehung beherrscht, belohnen Sie den nächsten Schritt: Ihr Hund soll sich aus der Drehung wieder auf alle viere erheben. Dafür zögern Sie die Leckerli-Gabe nach der seitlichen Drehung so lange heraus, bis der Hund sich unaufgefordert wieder auf alle vier Pfoten stellt. Allmählich können Sie bei der Übung immer weiter in die Höhe gehen und Ihre Hilfestellung mit der Hand nur noch andeuten. Daraus entwickeln Sie Ihr Sichtzeichen, zum Beispiel eine Kreisbewegung mit dem Zeigefinger. Diese kleine Übung lässt sich gut clickern (→ Seite 40). Für jeden Fortschritt der Drehung gibt es einen Click und eine Futterbelohnung.

1. Am Anfang ist das »Platz«: Jakob und Pepe, ein 15 Monate alter Border Terrier, sind bereits ein eingespieltes Team. Zu ihrem Spiele-Repertoire gehört auch die Rolle. Für den Übungsaufbau bringt Jakob seinen Hund zunächst einmal in die »Platz«-Position.

2. Verlockendes Leckerli: Jakob hat ein Leckerli in der Hand, mit dem er seinen kleinen Border Terrier aus dem Platz in die Seitenlage lockt.

3. Einmal drehen: Pepe hat die Bewegung verstanden. Er legt sich bereitwillig auf die Seite. Jakob führt das Leckerli über Pepes Kopf auf die andere Seite – und schwupp, dreht sich der kleine Hund geschickt mit herum.

4. Perfekte Rolle: Wenn das Herumdrehen klappt, gibt es das Leckerli erst, nachdem Pepe wieder aufsteht.

Sprung durch die Arme

Was trainiert wird: Ihr Hund lernt, in engem Kontakt mit Ihnen einen Sprung zu absolvieren. Dafür muss er Absprung und Höhe genau auf Ihre Körperhaltung abstimmen. Auch eine gute Fitness-Übung.

Das brauchen Sie: Einen weichen Boden, Leckerlis.

Wenn Sie einen springfreudigen, nicht zu großen Hund haben, ist dieses Kunststück genau das Richtige für Sie beide! Bauen Sie die Übung Schritt für Schritt auf, damit der Sprung schließlich sicher und elegant gelingt. Zunächst lernt Ihr Hund, über ein »menschliches Hindernis« zu springen, nämlich Ihren Arm. Gehen Sie zunächst in die Hocke und strecken Sie einen Arm seitlich aus. Berühren Sie mit der Hand einen Pfahl, einen Baum, einen Zaun oder Ähnliches, dann kann der Hund beim Sprung nicht seitlich ausweichen. Locken Sie Ihren Vierbeiner mit einem Leckerli in der anderen Hand über Ihren Arm, und loben Sie ihn überschwänglich, wenn er darüberspringt.

Der Kreis schließt sich

Wenn das problemlos klappt, können Sie sich allmählich von der seitlichen Begrenzung entfernen und den Hund »frei« über Ihren ausgestreckten Arm springen lassen. Üben Sie das, bis der Hund auf Ihr Signal hin sicher darüberspringt. Halten Sie den Arm dabei aber noch nicht zu hoch, bleiben Sie in der Hocke. Ganz allmählich nehmen Sie den zweiten Arm hinzu und halten ihn dann über den Sprungarm, so dass der Hund die obere Begrenzung kaum wahrnimmt. Gelingt das gut, können Sie den Kreis immer weiter schließen, bis der Hund schließlich ohne Probleme hindurchspringt. In dieser Übungsphase können Sie auch Ihr Wort-Signal einführen. Trainieren Sie das geduldig in kleinen Etappen, aber keinesfalls zu oft. Zwei, drei Durchgänge genügen, dann ist wieder eine Pause angesagt. Für jeden Sprung gibt es ein dickes Lob und ein kurzes Spiel oder Leckerli als Belohnung.

Mitlaufen motiviert

Gelingt es Ihrem Hund sicher, durch Ihre Arme zu springen, richten Sie sich Stück für Stück auf. Achten Sie darauf, dass Sie jede neu gewonnene Sprunghöhe zunächst »festigen«, bevor Sie noch ein Stückchen höher gehen. Passen Sie Ihre endgültige Position sehr genau der Größe und Sprungkraft Ihres Vierbeiners an. Er soll den Sprung bequem nehmen können. Manchen Hunden gelingt das Springen durch die Arme mit etwas Anlauf besser. Um ihn zum Heranlaufen und Sprung zu motivieren, können Sie anfangs eine zweite Person bitten, mitzulaufen und den Hund dabei anzufeuern.

1. Ein Baum als Begrenzung: Der Sprung über den Arm gelingt am besten, wenn man anfangs für eine seitliche Begrenzung sorgt. Mit der anderen Hand wird Amy zum Springen verlockt.

2. Freier Sprung: Amy hat keine Berührungsängste mehr und springt nun auch »frei«, also ohne seitliche Begrenzung über Kirstens Arm.

3. Halber Kreis: Kirsten nimmt den zweiten Arm schon mal hinzu – anfangs noch so, dass die Irish Terrier-Hündin ihn kaum wahrnimmt.

4. Geschlossener Kreis: Es klappt auch im Stehen. Die Arme werden dafür zu einem Kreis geschlossen. Der Hund springt von hinten nach vorne durch.

Sprung auf den Rücken

Was trainiert wird: Ihr Hund lernt, seine Sprungbewegung so gut zu koordinieren, dass er sicher auf Ihrem Rücken landet und sich dort gut ausbalanciert.

Das brauchen Sie: Weichen Boden, eine zweite Person, Leckerlis, evt. Clicker und Target Stick (→ Seite 40/64).

Ein kleiner Hund und ein großes Kind – das ideale Team für diese sportliche Übung. Aber natürlich dürfen auch Erwachsene mitspielen. In diesem Fall sorgt das Training nicht nur bei Ihrem Vierbeiner für Fitness, sondern auch bei Ihnen. Der Sprung auf den Rücken des Menschen ist schnell erlernt, wenn der Hund grundsätzlich keine Probleme damit hat, seinem Menschen so dicht »auf den Pelz« zu rücken.

Am besten zu zweit

Ihre Ausgangsposition ist der Vierfüßler-Stand, Ihr Hund sitzt vor Ihrer Körperseite. Eine zweite Person soll den Hund nun dazu bringen, sich Ihrem Rücken zu nähern, um schließlich darauf zu springen. Dafür stellt sich Ihre »Hilfskraft« dem Hund gegenüber auf die andere Seite und lockt ihn mit einem Leckerli in der Hand Richtung Ihres Rückens. Diese Übung lässt sich auch gut mit Clicker und Target Stick aufbauen. Das geht so: Die Hilfskraft hält den Target Stick an Ihren Rücken. Sobald der Hund den Stick berührt, gibt es dafür einen Click. Nehmen Sie den Stick schrittweise höher, bis der Hund mit den Vorderpfoten auf den Rücken geht und schließlich springt. Jetzt können Sie auch das entsprechende Signal einführen. Damit der Hund nicht einfach über Ihren Rücken oder gleich wieder hinunterspringt, kann sich die assistierende Person so nah an Ihren Rücken stellen, dass sie eine »natürliche« Begrenzung für den Hund darstellt.

EXPERTEN-TIPP

Auflösungs-Signal einführen

In Ihre Vokabelliste für die Signale, die Sie für das Training mit Ihrem Hund verwenden, gehört unbedingt auch ein Auflöse-Signal: Damit sagen Sie dem Hund, dass die jeweilige Übung beendet ist. Fehlt das Signal, löst er jedes Spiel, jede Übung zwangsläufig selbst auf, und zwar zu einem Zeitpunkt, der ihm passt. Überlegen Sie sich, womit Sie auflösen wollen, zum Beispiel mit »Weiter« oder »Los«.

1. Gleich geht's los: Jakob geht in den Vierfüßler-Stand, Pepe wird daneben gesetzt. Linus, Jakobs Bruder, hat ein Leckerli und einen Clicker in der Hand. Jakob fordert Pepe zum Sprung auf. Linus clickt, sobald Pepes Pfoten den Rücken berühren.

2. Sprung gelungen: Der kleine Border Terrier Pepe ist für ein Kunststückchen immer zu haben. Den Sprung auf Jakobs Rücken hat er in »null Komma nichts« gelernt.

3. Sicherer Stand: Pepe hat gelernt, seinen Körper so auszubalancieren, dass er sicher auf Jakobs Rücken steht. Dort bleibt er so lange, bis das Signal »Runter!« erfolgt. Dieses kleine Kunststück ist tatsächlich fast »zirkusreif«. Pepe und Jakob ernten entsprechend viel Applaus, wenn sie Zuschauer haben.

Mehrere Wort-Signale

Führen Sie für diese Übung nicht nur ein Wort-Signal für das Hinaufspringen (zum Beispiel »Rauf!«) ein, sondern auch für das Hinunterspringen (»Runter!«). Auf diese Weise können Sie dem Hund beibringen, so lange oben stehen zu bleiben, bis Sie ihn zum Hinunterspringen auffordern. Mit viel Training gelingt es schließlich, dass Ihr Hund auch ohne eine zweite Person auf Ihren Rücken springt. Üben Sie das kleine Kunststück ganz geduldig, zum Beispiel, indem Ihre Assistentin oder Ihr Assistent sich immer weiter entfernt.

Rückwärts **gehen**

Was trainiert wird: Für diese Übung muss sich Ihr Hund – auch aus der Entfernung – stark auf Sie konzentrieren. Das gelingt nur über einen permanenten Blickkontakt.

Das brauchen Sie: Leckerlis als Belohnung, Clicker (→ Seite 40), eventuell eine Leine.

Diese anspruchsvolle Übung lässt sich gut in den täglichen Spaziergang einbauen.

Ein Schritt zurück

Nehmen Sie Ihren Hund zu sich, so dass er frontal vor Ihnen steht. Gehen Sie nun ruhig und langsam auf ihn zu, bis er einen Schritt zurück tritt – Click! und Leckerli. Sehr wichtig dabei: Weder nach vorn beugen noch zu forsch auf den Hund zugehen, damit er Ihre Annäherung nicht als Bedrohung empfindet. Üben Sie das öfter zwei bis drei Mal hintereinander (über einige Tage verteilt), bis der Hund offensichtlich verstanden hat, dass es Ihnen um die Rückwärts-Bewegung geht.

Schritt für Schritt

Jetzt kommt der zweite Schritt. Dafür gehen Sie wieder ruhig, freundlich und ohne sich vorzubeugen auf den Hund zu, clicken aber erst, wenn er einen zweiten Schritt anbietet. So steigern Sie seine Schrittzahl allmählich, bis er vier oder fünf Rückwärtsschritte sicher anbietet. Dann können Sie ein Wort- und Sicht-Signal einführen, zum Beispiel »Zurück«, während Sie die Arme hinten auf den Rücken verschränken. Versuchen Sie nun, Ihren Hund rückwärts zu schicken (ohne mitzugehen). Der Hund steht Ihnen wieder gegenüber, doch dieses Mal gehen Sie nicht auf ihn zu, sondern geben nur das Wort- und Sicht-Signal. Warten Sie geduldig ab. Bietet der Hund die kleinste Rückwärts-Tendenz an, clicken Sie – und bauen so ganz allmählich auf, dass er auch ohne Ihre Hilfe rückwärts geht. Sollte sich der Hund beim Rückwärtsgehen hinsetzen, gibt es zwei Möglichkeiten: Sie warten (ohne ein Signal) ab, bis er von selbst wieder aufsteht, clicken ihn dafür (und Leckerli) und setzen die Übung fort. Oder Sie nehmen ihn an die Leine (falls er abgeleint war), gehen zwei, drei Schritte rückwärts – der Hund folgt – und beginnen die Übung an dieser neuen Position noch einmal. Wichtig fürs Timing: Clicken Sie noch während der Rückwärts-Bewegung und nicht erst, wenn der Hund bereits gestoppt hat, sonst könnte er den Click als Bestätigung für das Stehenbleiben missverstehen. Beherrscht der Hund bereits drei Schritte sicher rückwärts und Sie wollen nun einen vierten Schritt trainieren, müssen Sie, während er den vierten Schritt macht, clicken.

1. Blickkontakt: Alexandra hat Pluto zu sich heran gerufen und einen Blickkontakt zu ihrem Kangal-Mix hergestellt. Nun ist Konzentration angesagt: Pluto soll einen Schritt rückwärts gehen.

2. Ruhig und aufrecht: Alexandra geht einen Schritt auf ihren Hund zu, langsam und aufrecht – Pluto weicht einen Schritt zurück. Wichtig dabei: Sobald der Hund Stress-Signale zeigt, die Übung abbrechen (die eigene Vorgehensweise überprüfen – vielleicht fühlt sich Ihr Vierbeiner von Ihnen bedroht) und nach einer kleinen Pause in Ruhe erneut beginnen.

3. Der Rückwärtsgang: Pluto kennt das Signal bereits. Alexandra sagt »Zurück!« und verschränkt dabei die Hände auf dem Rücken. Der Rüde läuft sehr schön gerade zurück. Darauf hat Alexandra von Beginn an geachtet.

4. Acht Schritte rückwärts: Alexandra bleibt stehen und gibt ihrem Hund nur das Wort- und Sicht-Signal: Pluto lässt sich problemlos sieben bis acht Schritte rückwärts schicken. Dieses Kunststück haben die beiden über Wochen immer wieder geübt.

»Twist« oder sich drehen

Was trainiert wird: Hier ist Aufmerksamkeit und Koordination gefragt, denn der Hund soll sich einmal um die eigene Achse drehen, ohne dabei zu springen oder seitlich auszuweichen.

Das brauchen Sie: Eventuell einen Clicker und einen Target Stick (→ Seite 40 und 64), Leckerlis.

Twist ist das englische Wort für »Drehung« (→ auch ein Element im Dog Dance, Seite 140/141). Der Hund dreht sich dabei einmal um die eigene Achse. Anfangs gibt es für jede kleine Bewegung in die richtige Richtung ein Leckerli, schließlich nur noch für die ganze Drehung. Auch mit dem Target Stick kann man den Hund gut »an der Nase herumführen« (→ Seite 64). Und das geht so: Einen Click gibt es immer dann, wenn der Hund dem Target Stick mit der Nase folgt und ihn berührt.

Eine Körperbiegung ist das Ziel

Positionieren Sie den Hund zunächst stehend möglichst neben oder vor sich, so dass Sie seine Schnauze gut mit Ihrer Hand erreichen. Nehmen Sie ein Leckerli in die Hand. Halten Sie es ihm etwas unterhalb der Schnauze vor die Nase und führen Sie Ihre Hand langsam in einem Bogen von sich weg. Belohnen Sie ihn, wenn der Hund Ihrer Kreisbewegung mit einer Körperbiegung ein Stück weit folgt. Das klingt einfach, will aber gelernt sein. Denn der Hund geht anfangs womöglich ein paar Schritte zurück, um an die Leckerli-Hand heranzukommen, oder er macht einen langen Hals und springt der Hand dann mit einem Satz hinterher.

In kleinen Etappen üben

Die Kreisbewegung wird in kleineren Etappen geübt. Führen Sie Ihren Vierbeiner dafür in die Grundposition zurück. Halten Sie ihm die Leckerli-Hand tief vor die Nase und führen Sie Ihre Hand nur ein kleines Stück seitwärts. Nimmt er nun den ganzen Körper mit in eine Vorwärtsbewegung, loben Sie und belohnen ihn. Wenn Sie den Kreis auf diese Weise in sehr kleinen Einheiten üben, hat der Hund die Drehbewegung meist schnell raus. Nun können Sie auch Ihr Wort-Signal dafür einführen, zum Beispiel »Twist«. Wenn der Hund Ihrer Leckerli-Hand mit einer sauberen Drehung folgt, belohnen Sie nur noch, wenn er ganz herum und wieder in der Grundposition angekommen ist. Dann halten Sie in der führenden Hand kein Leckerli mehr, sondern belohnen ihn aus der anderen Hand. Gelingt das sicher, nehmen Sie die Hand allmählich immer höher. Schließlich genügt Ihr Wort-Signal und eine kleine kreisende Handbewegung, damit der Hund eine Drehung vollführt.

1. Dem Leckerli folgen: Die französische Schäferhündin Amy ist ein erfahrener »Trickhund«. In der rechten Hand hält Frauchen Claudia ein Leckerli. Damit führt sie den Hund in eine Kreisbewegung hinein.

2. Belohnung in Etappen: Anfangs hat jede kleine Drehung in die richtige Richtung ein Lob und eine Belohnung verdient.

3. Fast vollendet: Die Drehung ist fast perfekt, Amy folgt noch immer dem Leckerchen in Frauchens Hand. Dabei dreht sie sich sehr schön auf der Stelle.

4. Amy hat den Dreh raus: Schließlich macht Claudia noch eine Kreisbewegung mit der Hand und gibt ein Wort-Signal dazu, die französische Schäferhündin dreht sich einmal um sich selbst.

Sprung durch die Beine

Was trainiert wird: Koordination und Aufmerksamkeit sind gefragt, wenn der Hund im richtigen Timing durch das Beindreieck von Herrchen oder Frauchen springt.

Das brauchen Sie: Weichen Boden, Leckerlis (oder ein Spielzeug), evtl. Target Stick und Clicker (→ Seite 40/64).

Für viele kleine Hunde ist dieses Kunststückchen keine große Sache. Die meisten lernen es im Nu. Diese Übung eignet sich auch gut für Kind und Hund, wenn die beiden bereits gelernt haben, miteinander zu trainieren.

Erstmal nur durchlaufen

Beginnen Sie damit, dem Hund mögliche Berührungsängste zu nehmen. Dafür stellen Sie sich zunächst breitbeinig auf, der Hund sitzt oder steht hinter Ihnen. Locken Sie ihn nun mit einem Leckerli (oder einem Spielzeug) durch das Beindach hindurch und loben Sie ihn kräftig, wenn der Hund Ihrer Hand mit Leckerli oder Spielzeug folgt. Mit dem Target Stick geht es so: Sie halten den Stab zunächst zwischen, dann vor die gegrätschten Beine. Der Hund steht hinter Ihnen. Für jede Berührung mit der Schnauze gibt es ein Click und Leckerli. Je nachdem, wie vorsichtig Ihr Hund unter Ihnen hindurchläuft, schließen Sie die Beine allmählich, so dass der Durchgang immer ein klein wenig enger wird. Ziel ist, dass der Hund ohne Anzeichen von Berührungsangst mitmacht.

Gelingt das, winkeln Sie in einem nächsten Schritt einen Fuß an den anderen an, sodass ein Dreieck entsteht. Locken Sie den Hund hindurch. Anfangs genügt es völlig, wenn der Hund über die Fuß-Hürde hinübersteigt. Das sichere Hindurchgehen durch die Beine und das Überschreiten der Fuß-Hürde sind zwei Schritte, die Sie nacheinander sicher aufbauen sollten. Klappt das gut, können Sie den Hund zum Springen über die Fuß-Hürde motivieren. Dazu motivieren Sie ihn mit freundlicher Stimme und halten die lockende Hand (oder den Target Stick) etwas höher. Auch den Sprung immer nur zwei, drei Mal trainieren. Wenn der Sprung sicher klappt, führen Sie das Signal ein – und zwar kurz vor dem Absprung.

Weiche Landung

Wenn Ihr Hund den Sprung mühelos bewältigt, können Sie den Fuß ein wenig höher anwinkeln. Oder Sie stellen sich in einiger Entfernung vor Ihren Hund auf und lassen ihn dann auf Ihr Signal hin mit etwas Anlauf durch die Beine springen (Entfernung ganz allmählich steigern!). Achten Sie darauf, dass Ihr Vierbeiner den Sprung locker bewältigt und weich landet.

1. Der erste Durchlauf: Anfangs lockt Jenny ihren zweijährigen Prager Ruttler Bobby mit einem Leckerli durch ihre gegrätschten Beine hindurch, bis er das mühelos und ohne jede Berührungsangst macht.

2. Kleiner Sprung: In einer zweiten Trainingseinheit winkelt Jenny ihren Fuß an das andere Bein an. Nun wird die Sache für Bobby etwas schwieriger. Der kleine Hund folgt der Leckerli-Hand ohne zu zögern.

3. Großer Sprung: Jenny steht aufrecht, ein Bein angewinkelt. Ihr Hund Bobby springt auf ihr Signal hin durch die Beine. Dafür bekommt er ein dickes Lob und ein Leckerli, das seine Motivation hoch hält.

Spielzeug **aufräumen**

Was trainiert wird: Hier sind selbstständiges Arbeiten und »Köpfchen« gefragt: Der Hund verknüpft zwei Tätigkeiten zu einer Handlungskette miteinander.

Das brauchen Sie: Ein Spielzeug, einen Korb, Eimer, eine Kiste oder Schüssel, Leckerlis, einen Clicker.

Hier hat alles seine Ordnung: Lassen Sie Ihren Hund sein Spielzeug selbst aufräumen!

Spielzeug und Spielzeugkiste

Zunächst bringen Sie dem Hund bei, ein Spielzeug aufzunehmen und eine Weile im Maul zu tragen. Das ist eine schöne Clickerübung (→ Seite 40). Legen Sie ein Spielzeug in die Nähe des Hundes und clicken Sie, wenn er mit der Nase drangeht (Leckerli nicht vergessen). Hat er verstanden, dass es Ihnen um das Spielzeug geht, clicken Sie als nächsten Schritt, wenn er das Spielzeug aufnimmt, bis auch das sicher verstanden ist. Dann clicken Sie erst wieder, wenn Ihr Vierbeiner das Teil eine Weile im Maul hält. Dabei ist das Timing wichtig: Der Click muss erfolgen, während der Hund das Spielzeug hält und nicht, wenn er es gerade fallen lässt. Denn dann hält er das Loslassen für die Aufgabe. In einer zweiten Trainingseinheit bringen Sie dem Hund bei, in den Behälter zu schauen, den Sie für das Aufräum-Spiel vorgesehen haben. Das Spielzeug wird zunächst wieder weggeräumt. Clicken Sie anfangs, sobald sich der Hund dem Behälter nähert (fordern Sie ihn auch hier weder mit Wort- noch Sicht-Signal dazu auf). Hat er begriffen, dass es um dieses Teil geht, gibt es den nächsten Click erst, wenn er den Behälter mit der Nase berührt. Klappt das sicher, soll der Hund in den Behälter hineinschauen – dafür clicken und belohnen Sie ihn.

Handlungen verknüpfen

Klappt beides sicher – Spielzeug aufnehmen und in den Behälter schauen –, wird die Verknüpfung geübt: Spielzeug in den Behälter. Dafür legen Sie beide Teile vor Ihren Hund hin. Nimmt er den Gegenstand auf und wendet seinen Kopf damit Richtung Behälter oder geht gar einen kleinen Schritt darauf zu, clicken Sie. Wiederholen Sie das – in mehreren Trainingseinheiten – so oft, bis der Hund verstanden hat, dass er mit dem Spielzeug zum Behälter gehen soll. Die nächsten Clicks gibt es etappenweise, wenn er dem Behälter mit dem Spielzeug in der Schnauze recht nahe kommt, ganz nahe ist, schließlich in den Behälter schaut – und zu guter Letzt das Spielzeug in den Behälter fallen lässt. Erst wenn die ganze Handlungskette zuverlässig funktioniert, führen Sie das Signal ein, also kurz vor Aufnehmen des Spielzeugs.

1. Spielzeug tragen: Zuerst lernt der 15 Monate alte Border Terrier Pepe, sein Spielzeug aufzunehmen und es ein Stück zu tragen. Jeden kleinen Erfolg hat Jakob mit einem Click bestätigt.

2. Blick in den Korb: In einer zweiten Trainingseinheit bringt Jakob Pepe bei, in den kleinen Korb zu schauen. Dafür hat er zunächst jede Annäherung an den Korb geclickt, dann, wenn Pepe den Korb mit der Nase berührte und schließlich nur noch fürs Hineinschauen.

3. Pepe hat begriffen: Nun soll Pepe lernen, mit dem Spielzeug in der Schnauze Richtung Korb zu gehen. Dafür gab es zunächst schon einen Click, wenn der Hund mit dem Spielzeug nur in Richtung Korb schaute. Hier hat Pepe bereits gut verstanden, dass er zum Korb hingehen soll.

4. Alles aufgeräumt: Auf das Signal »Aufräumen« hin nimmt Pepe sein Spielzeug, läuft damit zum Korb und lässt es hineinfallen. Das funktioniert inzwischen auch ohne Clicker, weil er die Handlungskette mit dem Signal verbunden hat. Bauen Sie diese Übung über einige Tage auf – je nachdem, wie schnell Ihr Hund versteht, worum es geht.

Kappe vom Kopf holen

Was trainiert wird: Koordination und selbstständiges Arbeiten stehen bei diesem lustigen Kunststück im Vordergrund. Das enge Zusammenspiel fördert die Bindung.

Das brauchen Sie: Eine Kappe (mit »Schirm«), Leckerlis, einen Clicker (→ Seite 40).

Diese Nummer ist wirklich zirkusreif: Auf Ihr Signal hin zieht Ihr Hund Ihnen die Kappe vom Kopf. Ideal an heißen Tagen, und immer ein Publikumserfolg. Das Training dafür ist nicht schwierig. Es eignet sich sehr gut als Clickerübung (→ Seite 40).

Ran an die Kappe

Zunächst sollte der Hund lernen, die Kappe mit der Schnauze vorn am Schirm zu fassen. Dafür gehen Sie in die Hocke und legen die Kappe vor ihm hin. Sie brauchen ihm kein Signal zu geben, sondern warten einfach ab, bis er neugierig an der Kappe schnüffelt. Dafür gibt es ein Click und ein Leckerli.

Wiederholen Sie das einige Male und legen Sie dann eine längere Pause ein, bevor Sie das Ganze noch einmal durchführen (eventuell auch erst am nächsten Tag).

Den Kappen-Schirm aufnehmen

Hat der Hund verstanden, dass es um die Kappe geht, üben Sie den nächsten Schritt mit ihm ein. Nun soll er die Kappe mit der Schnauze aufnehmen. Deshalb clicken Sie nun nicht mehr, wenn der Hund die Kappe mit der Schnauze berührt, sondern warten ab. Der Hund merkt auf diese Weise, dass ein bloßes Beschnüffeln nicht mehr genügt und wird »stärkere« Handlungen anbieten. Sobald er dabei die Kappe mit der Schnauze aufnimmt, clicken Sie – bis er auch das verstanden hat.

Kappe vom Kopf ziehen

Nun geht es in die Höhe: Setzen Sie sich die Kappe auf den Kopf, anfangs noch so lose, dass sie einfach herunterzuziehen ist. Nun beugen Sie sich dem Hund ein wenig entgegen, bis er auf die Idee kommt, an der Kappe zu schnüffeln – Click und Belohnung. Nun bauen Sie die Handlung schrittweise auf, bis der Hund die Kappe vom Kopf zieht. Mit dem Clickerprinzip kann das sehr schnell funktionieren. Wenn der Hund einen Schritt sicher beherrscht – beispielsweise nimmt er die Kappe in die Schnauze – clicken Sie dafür nicht mehr, sondern warten ab, bis er stärker daran zieht – dafür bekommt er dann wieder so lange ein Click, bis das sicher funktioniert. Das Signal führen Sie ein, wenn die Übung sicher funktioniert: Dann geben Sie zunächst das Signalwort

1. Kappe berühren: Innerhalb einer Woche haben Caro und Toni das Kunststück eintrainiert. Anfangs clickt Caro immer dann, wenn Toni die Kappe mit der Schnauze berührt.

2. Kappe ins Maul nehmen: Nun clickt Caro bei ihrem kleinen Mix nicht mehr das Berühren der Kappe, sondern wartet ab, bis er die Kappe vorn am Schirm aufnimmt. Das übt sie mit ihm mehrmals, bis Toni die Aufgabe sicher löst.

3. Kappe vom Kopf ziehen: Caro hält Toni ihren Kopf mit der Kappe entgegen, um ihn zum Berühren zu motivieren. Das klappt gut. Toni nimmt gleich den Schirm in die Schnauze. Dafür bekommt er ein Click und ein Leckerli.

4. Kunststück vollendet: Sobald Toni verstanden hat, was seine Aufgabe ist, führt Caro das Signal »Kappe vom Kopf« dazu ein. Dass die Frisur bei diesem Kunststück ein wenig leidet, stört weder Hund noch Frauchen ...

Die perfekte **Verbeugung**

Was trainiert wird: Koordination und Aufmerksamkeit trainiert der Hund bei der Aufgabe, sich zu verbeugen und in dieser Haltung zu bleiben, bis die Übung von Ihnen wieder aufgelöst wird.

Das brauchen Sie: Leckerlis, eventuell einen Clicker (→ Seite 40) oder einen »Target Stick« (→ Seite 64).

Ob groß oder klein, das Verbeugen gehört zum Verhaltensrepertoire jedes Hundes. Es resultiert aus der typischen Spielaufforderung (→ Foto, Umschlag). Wenn Sie dieses Verhalten gezielt abrufen wollen, müssen Sie das Schritt für Schritt trainieren.

Erster Schritt

Ausgangsposition ist der vor Ihnen stehende Hund. In einem ersten Schritt soll der Hund mit seinem Kopf auf den Boden gehen. Damit er dies tut, verlocken Sie ihn mit einer Futterbelohnung. Das Leckerli bekommt Ihr Vierbeiner, wenn er Ihrer Hand mit der Schnauze bis auf den Boden folgt – und ein dickes Lob gibt es dazu.

Zweiter Schritt

Damit der Hund in einem zweiten Schritt tatsächlich in die Haltung der Spielaufforderung geht, geben Sie sich nun nicht mehr damit zufrieden, dass er den Kopf runternimmt. Locken Sie ihn zunächst wieder mit der Leckerli-Hand nach unten, geben die Futterbelohnung aber noch nicht her, sondern schieben die Hand vorsichtig unter die Schnauze, in Richtung Vorderpfoten des Hundes. Um nun an das Leckerli heranzukommen, muss der Hund sich auf die Vorderbeine herunterlassen – und dafür gibt es ein kräftiges Lob und natürlich das Leckerli. Möglicherweise geht Ihr Hund aus dieser Haltung gleich in die »Platz«-Position. Dann ist Ihr Timing wichtig: Loben Sie exakt dann, wenn der Vierbeiner auf seinen Ellenbogen liegt, damit er die Belohnung mit genau dieser Haltung verknüpft. Wenn er das verstanden hat, können Sie das entsprechende Signal dazu einführen, zum Beispiel »Verbeuge dich«. Wichtig: Lösen Sie die Verbeugung mit Ihrem üblichen Auflöse-Signal wieder auf (→ Experten-Tipp, Seite 76). Das Auflöse-Signal muss vor allem am Anfang schnell kommen, damit der Hund sich nicht ins »Platz« legt. Falls Sie Ihren Hund bereits auf einen Target Stick konditioniert haben (→ Seite 64), können Sie dieses Kunststück auch damit prima einstudieren. Hier folgt der Hund nicht Ihrer Leckerli-Hand, sondern dem Target Stick. Das Berühren des Stabs in richtiger Haltung clicken Sie jeweils. Belohnung nicht vergessen! Auch eine Möglichkeit: Sie clicken den Hund, wenn er sich zufällig streckt und bauen dieses Verhalten zur Verbeugung auf.

1. Stehen bleiben: Pluto, der große Kangal-Mix von Alexandra, macht hier vor, wie er die Verbeugung gelernt hat. Ausgangsposition für diese Übung ist der stehende Hund.

2. Schnauze zum Boden: Alexandra hat ein Leckerli in der rechten Hand. Grund genug für Pluto, ihrer Hand mit seiner Schnauze bis auf den Boden zu folgen. Dafür gibt es anfangs ein Leckerli.

3. Vorderläufe auf den Boden: Nun soll Pluto auch die Ellenbogen auf den Boden legen. Dazu schiebt Alexandra ihre Hand unter die Schnauze in Richtung Vorderpfoten. Pluto kommt nur an die Hand, wenn er sich mit dem Vorderkörper herunterbeugt. Genau in dem Moment belohnt Alexandra ihn.

4. Verbeugung: Schließlich genügt das visuelle Signal – Alexandra führt den rechten Arm in einer Kreisbewegung nach unten und verbeugt sich leicht.

Denkspiele – halten fit im Kopf

Wenn Sie sich regelmäßig mit Ihrem Vierbeiner beschäftigen, stärken Sie nicht nur das Vertrauen und die Bindung des Tieres. Ganz nebenbei bringen Sie dem Hund auch bei, wie man lernt – und das ist ein wunderbar nachhaltiger Effekt. Denn mit der Zeit gewinnt dieser Prozess zunehmend an Dynamik, vielleicht vergleichbar dem Fremdsprachenlernen beim Menschen: Je mehr Fremdsprachen wir beherrschen, desto leichter fällt es uns, eine weitere dazu zu lernen. Zurück zum Vierbeiner: Je mehr Sie Ihrem Hund beibringen – immer vorausgesetzt, das geschieht ohne Druck und mit viel Lob und Freude –, desto leichter tut er sich mit neuen anspruchsvolleren Aufgaben. Und in noch einem Punkt ähneln sich Mensch und Tier: Denken strengt an. Deshalb sind auch die Spiele auf den folgenden Seiten, bei denen es vor allem ums richtige Kombinieren geht, durchaus ermüdend für Ihren Vierbeiner. Vergessen Sie das nicht und sorgen Sie nach jeder kniffeligen Aufgabe für eine Denkpause – zum Beispiel mit einem kleinen Zerrspiel (→ Loben und belohnen Seite 46). Oder lassen Sie ihn nach Herzenslust mit seinem Lieblingsspielzeug herumtollen. Das hat sich Ihr »Schlaukopf« allemal verdient! Verlieren Sie keinesfalls die Geduld, wenn Ihr vierbeiniger Liebling die Denkaufgabe nicht so schnell lösen kann. Bei Hunden ist – ebenso wie bei uns – die Intelligenz unterschiedlich ausgeprägt.

Das **Becher-Spiel**

Was trainiert wird: In vertrauter Umgebung lernt der Hund, sich vollkommen auf Ihre Handlung zu konzentrieren, Ihre Handlung richtig zu deuten und das Leckerli unter dem richtigen Becher zu finden.

Das brauchen Sie: Mindestens zwei farbige Becher und Leckerlis.

Bei diesem Spiel kann man seinem Hund regelrecht zuschauen, wie er denkt! Dementsprechend anstrengend ist es für den Vierbeiner. Deshalb ist eine vertraute, ruhige Umgebung besonders wichtig. Gehen Sie mit Ruhe und Geduld an die Sache und bauen Sie das Spiel ganz allmählich auf. Die Aufgabe für den Hund besteht darin, das Leckerli unter dem richtigen Becher zu finden – auch, wenn Sie die Becher vertauschen.

Wo ist das Leckerli?

In einem ersten Schritt zeigen Sie dem Hund, worum es geht. Der Hund sitzt vor Ihnen, während Sie – für den Hund gut sichtbar – unter einen Becher ein Leckerli legen. Dann fordern Sie Ihren Vierbeiner auf, sich das Leckerli zu holen. Je nach Temperament wird er den Becher mit der Schnauze umkippen oder nur daran schnuppern. Loben Sie ihn kräftig, und lassen Sie ihn das Leckerli verspeisen. Hat der Hund sicher kombiniert – Leckerli unter Becher –, kommt ein zweiter Becher ins Spiel.

Der zweite Becher kommt ins Spiel

Stellen Sie beide Becher mit etwas Abstand nebeneinander. Nur unter einen Becher legen Sie ein Leckerli. Der Hund schaut aus der Sitzposition zu. Heben Sie die beiden Becher nacheinander noch einmal an, um den Hund zu zeigen: Unter diesem liegt ein Leckerli, unter jenem keines. Gehen Sie ruhig und gelassen dabei vor, ohne viel zu sagen, damit der Hund sich gut auf Ihre Handlungen konzentrieren kann. Nun fordern Sie den Hund wieder auf, sich das Leckerli zu holen.

Geht er auf den richtigen Becher zu (oder kippt ihn um), loben Sie ihn überschwänglich und überlassen ihm seine Belohnung. Sollte er den falschen Becher wählen, warten Sie ab, bis er sich dem richtigen Becher zuwendet – dafür wird er kräftig gelobt und belohnt. Erst wenn der Hund jedes Mal sicher auf den richtigen Becher zugeht, können Sie die nächste Konzentrationsstufe einbauen.

Becher vertauschen

Nun wird es richtig spannend. Wieder bauen Sie zwei Becher vor Ihrem Hund auf, unter einem platzieren Sie gut sichtbar das Leckerli. Doch jetzt vertauschen Sie die Becher gegeneinander, schieben

also beide auf die Position des jeweils anderen. Machen Sie das sehr ruhig und langsam, so dass der Hund Ihrer Bewegung gut folgen kann. Nun fordern Sie ihn auf, sich das Leckerli zu holen. Geht er gleich auf den richtigen Becher zu? Glückwunsch für diesen Volltreffer! Loben Sie Ihn dafür überschwänglich und lassen Sie es für dieses Mal gut sein – so ein toller Anfangserfolg genügt völlig.
Wahrscheinlicher ist jedoch, dass der Hund auf den falschen Becher zusteuert – weil er an der Stelle steht, wo Sie anfangs das Leckerli druntergelegt haben. Dann warten Sie ab, bis er sich dem richtigen Becher zuwendet. Dafür gibt es ein kräftiges Lob und natürlich die Futterbelohnung.
Versuchen Sie es noch einmal in Ruhe und beobachten Sie Ihren Hund dabei: Wie lange kann er Ihnen mit seinem Blick folgen, während Sie die beiden Becher vertauschen? Zwei, drei Spieldurchgänge sind allemal genug. Dann räumen Sie die Becher wieder weg. Nun ist ein kleines Entspannungsspiel angesagt (→ Richtig loben und belohnen, Seite 46)!

Klappt es auch mit drei Bechern?

Versuchen Sie diesen Spieleaufbau die nächsten Tage immer wieder einmal mit Ihrem Hund zu üben. Dabei ist sehr schön zu beobachten, wie die Konzentration des Hundes allmählich zunimmt, bis es ihm schließlich gelingt, Ihrer Handlung bis zum Schluss zu folgen und richtig zu kombinieren: Aha, das Leckerli steckt unter diesem Becher!
Klappt das Spiel mit zwei Bechern richtig gut, können Sie es auch mal mit einem dritten probieren. Aber Vorsicht: Frust soll beim Becher-Spiel nicht aufkommen. Ein langsamer und sehr ruhiger Spielaufbau ist in diesem Fall besonders wichtig. Selbstverständlich gibt es beim Becher-Spiel keinen Tadel, sondern nur Lob – und was zu schwierig für den Hund ist, wird wieder etwas leichter gemacht, indem Sie einen Schwierigkeitsgrad zurückgehen (→ Experten-Tipp, Seite 31).

Spielvariante für draußen

Stellen Sie die Becher im Dreieck auf, im Abstand von jeweils fünf Metern. Stellen Sie sich mit Ihrem Hund in die Mitte des Dreiecks.
Anfangs legen Sie unter jeden Becher ein Leckerli. Der Hund schaut dabei zu. Dann darf Ihr Vierbeiner suchen gehen. Sinn der Sache ist, dass er begreift: Unter dem Becher liegt etwas.
Nun wird die Sache komplizierter. Sie stehen wieder mit Ihrem Hund in der Mitte. Der Hund macht »Sitz«. Gehen Sie jetzt von Becher zu Becher und täuschen Sie zweimal lediglich an, dass Sie ein Leckerli darunter verstecken. Unter einem Becher verstecken Sie tatsächlich eine Futterbelohnung. Gehen Sie dann zu Ihrem vierbeinigen Liebling zurück. Drehen Sie sich mit Ihrem Oberkörper in Richtung Leckerli-Becher und schauen Sie ihn an. Sinn der Sache ist, dass der Hund lernt, Sie genau zu beobachten. Denn mit Körperhaltung und Ihrem Blick signalisieren Sie ihm die richtige Richtung.
Nun schicken Sie den Hund auf Suche. Falls er nicht gleich den richtigen Becher ansteuert, greifen Sie nicht ein. Sobald er den richtigen Becher erreicht hat, freuen Sie sich riesig über diesen Erfolg. Der Hund belohnt sich selbst, indem er den Becher umkippt und das Leckerli vernascht. Vorsichtige Vierbeiner trauen sich vielleicht nicht, den Becher umzukippen. Dann helfen Sie ihm, indem Sie zum Becher gehen und Ihrem Hund das darunter liegende Leckerli geben.
Damit das Spiel spannend bleibt, verstecken Sie das Leckerli bei jeder neuen Runde unter einem anderen Becher. Noch schwieriger wird es, wenn Sie die Abstände zwischen den Bechern schrittweise vergrößern. Dann muss der Hund einen noch längeren Weg zurücklegen.
Beschränken Sie sich jedoch auf höchstens zwei bis drei Durchgänge hintereinander. Für dieses Spiel brauchen Sie viel Geduld. Einige Vierbeiner benötigen für diese Konzentrationsaufgabe durchaus etwas länger als andere.

1. Belohnungs-Becher: Amy hat bereits begriffen, worum es bei diesem Spiel geht: Unter einem Becher liegt ein Leckerli. Nun übt Frauchen mit ihr, dass sie genau beobachtet, unter welchem Becher die Belohnung liegt.

2. Genau hinschauen: Kirsten hat Amy noch einmal gezeigt, dass unter diesem Becher eine Belohnung liegt, unter dem anderen nicht. Dann fordert sie die Hündin auf, sich das Leckerli zu holen.

3. Kopfarbeit: Nun wird es kniffelig: Wieder liegt nur unter einem Becher ein Leckerli. Amy hat genau gesehen, unter welchem. Doch nun vertauscht Kirsten die beiden Becher gegeneinander. Wo ist das Leckerli jetzt?

4. Geschafft: Amy brauchte ein paar Anläufe, um richtig zu kombinieren: Der Becher mit dem Leckerli ist gewandert! Anfangs hat sie der Schiebebewegung nicht bis zum Ende folgen können, weil ihr so viel Konzentration schwerfiel. Doch nach zwei, drei Tagen hat sie es geschafft: Nun geht die Hündin zielstrebig auf den richtigen Becher zu.

Folge meinem Blick

Was trainiert wird: Auch bei diesem Spiel geht es in erster Linie um die Konzentrations- und natürlich auch die Kombinationsfähigkeit Ihres Vierbeiners. Er soll Ihrem Blick folgen.

Das brauchen Sie: Leckerlis.

Auch dieses mentale Training ist, wie das Becher-Spiel, eine spannende Angelegenheit: Wie gut ist Ihr Hund schon in der Lage, Ihrem Blick zu folgen? Wenn Sie beide bereits länger miteinander trainieren, ob es nun Spiele oder eine Sportart sind, stehen die Chancen in der Regel nicht schlecht, dass Ihr Hund schnell begreift, worum es hier geht. Klappt es jedoch noch nicht auf Anhieb, ist diese Übung wunderbar dafür geeignet, sich mit dem Hund per Blickkontakt zu verständigen.

Der kleinste Blick genügt

Anfangs sollten Sie das Spiel dort ausprobieren, wo Ihr Hund sich gut auskennt und sicher fühlt, damit er nicht abgelenkt ist. Später können Sie das Training auch bei mehr Ablenkung versuchen, zum Beispiel draußen.

Ihr Hund sollte ruhig vor Ihnen sitzen. Sie platzieren sich in der Hocke vor ihm, und zwar so, dass Sie beide Arme gut ausbreiten können. In einer Hand halten Sie ein Leckerli versteckt. Breiten Sie jetzt beide Arme aus, und wenden Sie Blick und Kopf sehr deutlich in Richtung Leckerli-Hand. Fordern Sie Ihren Hund nun auf, sich das Leckerli zu holen, zum Beispiel mit dem Signal »Hol Leckerli«. Dabei beobachten Sie Ihren Hund aus den Augenwinkeln. Steuert er zunächst die »falsche« Hand an, ignorieren Sie das und warten ab. Tut er sich schwer mit der Aufgabe, Ihrem Blick zu folgen, kann es eine große Hilfe für ihn sein, wenn mehrere Personen im Raum auf die »richtige« Hand blicken.

Wichtig ist hier Geduld: Lassen Sie Ihrem Hund genügend Zeit zu begreifen, was Sie von ihm erwarten. Üben Sie lediglich nur zwei, drei Mal mit der Minimalanforderung, dass der Hund nur leicht in die gegebene Richtung schaut. Später können Sie dann eine deutlichere Reaktion abwarten: Schließlich soll der Hund zur richtigen Hand laufen und sich dort das Leckerli abholen.

Von einer Hand zur anderen

Wenn das alles sehr gut klappt und Ihr Hund Ihrem Blick ohne Probleme folgt, steigern Sie die Anforderung: Setzen Sie sich wie oben beschrieben vor den Hund, die Arme ausgestreckt. Ihr Blick richtet sich auf die Leckerli-Hand. Dann tauschen Sie das Leckerli hinter Ihrem Rücken von einer Hand in die

1. Neue Aufgabe: Die Dalmatiner-Hündin Monokel und Georg trainieren regelmäßig Obedience. Sie sind ein eingespieltes Team. Doch diese Aufgabe war neu für beide. Georg hält in der linken Hand ein Leckerli versteckt. Monokel muss ruhig im Sitz abwarten.

2. Such Leckerli: Dann wendet Georg seinen Blick in Richtung Leckerli-Hand, mit einer sehr deutlichen Kopfbewegung. Monokel gibt er die Aufforderung »Such Leckerli«. Sie soll seinem Blick folgen und sich für die richtige Hand entscheiden.

andere und schauen nun in die entgegengesetzte Richtung. Geben Sie Ihrem Hund das Signal, sich das Leckerli abzuholen. Wird Ihr Hund den Tausch nachvollziehen und Ihren Blick richtig interpretieren? Bauen Sie diesen Schritt wieder ganz allmählich auf und loben und belohnen Sie ihn zunächst für jede Andeutung der gewünschten Blickrichtung. Wenn Ihr Hund gut gelernt hat, Ihrem Blick zu folgen, erleichtert es ihm die Aufgabenstellung bei vielen anderen Spielen. Denn auch bei der »Futterbeutel-Suche« (→ Seite 38/39) kann er sich sehr gut an Ihrem Blick orientieren, vorausgesetzt, Sie wenden sich mit Körperhaltung und Blick tatsächlich in Richtung Futterbeutel. Auch das »Gehe zu ...« (→ Seite 100/101) wird für den Hund dann ein leichtes Spiel. Und für das Becher-Spiel im Freien (→ Seite 92) ist es dem Hund ebenfalls eine willkommene Unterstützung.

3. Folge meinem Blick: Dieses Mal hat Georg das Leckerli hinter dem Rücken vertauscht und schaut nun von einer zur anderen Hand. Monokol versteht auf Anhieb und folgt seinem Blick zur rechten Hand.

Finde das Richtige

Was trainiert wird: Kombinationsgabe und die Fähigkeit, sich zu konzentrieren, werden mit diesem Spiel gefördert.

Das brauchen Sie: Einige Spielzeuge des Hundes, deren Namen er kennt, eventuell einen Clicker (→ Seite 40).

Diese wunderbare Spieleinheit für zwischendurch kann allen Beteiligten – und Zuschauern – riesig Spaß machen. Ihr Hund erweist sich nach kurzem Training als verständiger Experte, der genau das bringt, was Sie von ihm wollen.

Spielzeug mit Name verknüpfen

Dazu sollte Ihr Vierbeiner einige seiner Spielzeuge mit Namen kennen, zum Beispiel Ball, Tau, Knochen, Hase, Bärchen etc. Das üben Sie, indem Sie ein Spielzeug vor ihn hinlegen und es beim Namen nennen, kurz bevor er es mit der Schnauze aufnimmt. Sie können als Verstärkung auch den Clicker einsetzen (→ Seite 40). Später fordern Sie Ihren Hund auf, das jeweilige Spielzeug zu bringen und clicken oder loben ihn kräftig, wenn er es bei Ihnen abgibt. Dafür gibt es natürlich eine Belohnung. Bei Hunden, die Gegenstände nicht gerne aufnehmen, genügt auch ein Anstubsen. Viele Hunde lernen auf diese Weise schnell, einige Spielzeuge bei ihrem Namen zu kennen.

Unterscheidungen treffen

Aber können die Vierbeiner die Spielzeuge auch voneinander unterscheiden? Probieren Sie es aus: Platzieren Sie zwei Spielzeuge, deren Namen Ihr Hund sicher beherrscht, in einiger Entfernung vor Ihrem Hund. Fordern Sie ihn dann auf, ein bestimmtes Spielzeug zu bringen, zum Beispiel »Bring den Ball«. Läuft er auf Anhieb auf den Ball zu und bringt ihn, war es entweder Anfängerglück oder Sie haben ein Genie auf vier Beinen – belassen Sie es bei diesem ersten Erfolg!

Hat es noch nicht gleich geklappt und Ihr Hund bringt das falsche Spielzeug, bleiben Sie freundlich, sagen aber nichts, sondern legen das Spielzeug zu dem anderen zurück. Fordern Sie Ihren Hund nun erneut auf, den »Ball« zu bringen. Sobald er zum Ball läuft und ihn zu Ihnen zurückbringt, loben oder clicken Sie das und freuen sich riesig. Außerdem gibt es natürlich eine Belohnung. Werden Sie nun aber nicht übermütig: Ein Erfolgserlebnis genügt zunächst. Üben Sie nicht öfter als zwei bis vier Mal pro Durchgang. Mit der Zeit können Sie die Anzahl der Spielzeuge behutsam steigern. Wenn Sie merken, dass der Hund überfordert ist, kehren Sie zu einem einfacheren Spielaufbau zurück und festigen Sie diesen, bevor Sie den nächsten Schritt wagen (→ Experten-Tipp, Seite 31).

1. Spielaufbau: Flocke, die kleine asiatische Mix-Hündin, wartet geduldig ab, während Margit »Maulwurf« und »Knochen« nebeneinander anordnet.

2. Richtig gemacht: Margit fordert Flocke auf, den »Maulwurf« zu bringen, was die Hündin ohne zu zögern richtig ausführt.

3. Flocke kennt sich aus: Zielstrebig nimmt Flocke den »Maulwurf« auf und trägt ihn zu Margit zurück. Dafür bekommt die Hündin jedes Mal eine Belohnung, was ihre Spiellaune aufrechterhält. Auch drei Spielzeuge voneinander zu unterscheiden ist für Flocke meist kein Problem (→ Foto, Seite 96).

Ein Spiel **für Tüftler**

Was trainiert wird: Bei diesem Spiel müssen unsere Vierbeiner richtig gut beobachten und kombinieren. Dazu gehört die Fähigkeit, sich zu konzentrieren und Geduld – und oft auch Geschicklichkeit, wie hier.

Das brauchen Sie: Ein Holzspielzeug, das es in vielen Variationen im Zoofachhandel zu kaufen gibt. Oder Sie überlegen sich selbst eine spannende Konstruktion ...

Wichtig für die Spielfreude ist es, dem Vierbeiner genügend Zeit und Ruhe zu geben, damit er auf eine Lösung kommen kann – und natürlich ein köstliches Leckerli, das den Ehrgeiz steigert ...

Erst mal schnuppern lassen

Intelligenzspielzeuge für Hunde gibt es in allen möglichen Varianten. Dieses hier funktioniert so: In die Öffnung des Drehzylinders wird ein Leckerli gegeben. Die runden Knöpfe sind dazu da, den Zylinder zu drehen. Das Leckerli fällt irgendwann in die Schublade darunter. An dem Tau wird die Lade mit dem Leckerli schließlich herausgezogen.

Einige Hunde sind bei neuen Gegenständen furchtsam. Sie sollten Gelegenheit haben, sich von der »Ungefährlichkeit« zu überzeugen. Stellen Sie das Spielzeug dafür auf den Boden und lassen Sie den Hund zunächst einfach daran schnuppern. Dann bringen Sie Ihren Hund ins »Sitz« oder »Platz« und lassen ihn dabei zuschauen, wie Sie ein köstliches Leckerli in die Öffnung geben. Nun fordern Sie ihn auf, sich das Leckerli zu holen. Geben Sie dem Hund viel Zeit, sich mit seiner Aufgabe zu beschäftigen. Reden Sie dabei nicht auf ihn ein, damit er in Ruhe grübeln kann. Sobald der Hund von selbst auf eine richtige Handlung kommt – zum Beispiel ganz leicht an einem der Knöpfe dreht (oder nur daran schnuppert) –, loben Sie ihn überschwänglich für diese Leistung. Schon für das kleinste Ausprobieren hat er sich eine Belohnung verdient. Beim nächsten Mal warten Sie etwas länger, bis er mit seinem Handlungsangebot einen kleinen Schritt weiter geht – und dann gibt's die Belohnung!

Grübeln macht müde

Wenn Sie das Gefühl haben, Ihr Hund kommt auf keine Idee, zeigen Sie ihm ohne viel Worte, wie es geht. Lassen ihn bei jeder Spielrunde das Leckerli aus der Schublade naschen. Üben Sie nicht mehr als zwei, drei Mal – egal, wie »erfolgreich« der Hund war. Wenn der Hund bei den ersten Malen ungeduldig ist und versucht, das Leckerli rabiat »rauszuhauen«, nehmen Sie es hoch und lassen ihn noch einmal »Sitz« machen. Wenn es beim nächsten Versuch nicht besser läuft, ist Spielende.

1. Rein damit: Leckerli einwerfen, das ist die Aufgabe von Frauchen. Der Hund sollte dabei zuschauen, damit er weiß: In diesem seltsamen Ding steckt eine tolle Belohnung für mich.

2. Der richtige Dreh: Flocke liebt Tüftelspiele, deshalb strengt sie sich sogar für ein ganz »normales« Leckerli an. Margit lässt sie in aller Ruhe ausprobieren und hält das Spielzeug mit der Hand leicht fest, damit es nicht wegrutscht. Flocke dreht so lange an dem Knopf, bis sie ein kleines Fallgeräusch vernimmt …

3. Jetzt ziehen: Flocke kennt das Spiel bereits und weiß: Nach diesem Geräusch habe ich alles im Kasten. Mit ihrer Pfote zieht Flocke die Schublade heraus und genießt die Belohnung für ihre Geduld und Kombinationsgabe.

Gehe zu ...

Was trainiert wird: Auch bei diesem Spiel muss der Hund kombinieren und sich konzentrieren, um einem Namen die richtige Person zuzuordnen.

Das brauchen Sie: Mindestens zwei oder drei Familienmitglieder oder Freunde, deren Namen Ihr Hund kennt.

Bei diesem netten Gesellschaftsspiel für Mensch und Hund können auch bereits kleinere Kinder mitwirken, wenn ein Erwachsener dabei ist.

Wer ist wer?

Voraussetzung ist, dass der Hund die Mitspieler namentlich kennt, zum Beispiel in einer Familie. Meist lernen Hunde die Namen »ihrer« Menschen ganz nebenbei. Probieren Sie es einfach mal aus, Sie werden überrascht sein! Wenn es noch nicht mit allen sicher klappt: Stellen Sie sich einer Person gegenüber, die der Hund namentlich erkennen soll. Geben Sie Ihrem Hund das Signal »Gehe zu Nina« oder »Gehe zu Hans«, je nachdem, wie die Person heißt. Nun locken »Nina« oder »Hans« mit einem Leckerli und freuen sich riesig, wenn der Hund bei ihnen ankommt. Diese Übung lässt sich auch gut clickern, vor allem, wenn der Hund mit dem Zuordnen der Namen Schwierigkeiten hat (→ Seite 40). Anfangs clickern Sie jeden Schritt in Richtung genannte Person. Allmählich steigern Sie dann die Anforderung, indem Sie einen zweiten, einen dritten Schritt abwarten, bis der Hund das Ziel erreicht hat.

Kleiner Kreis für Einsteiger ...

Kennt der Hund alle Beteiligten mit Namen, kann das Spiel beginnen. Die Mitspieler setzen sich in einem etwas größeren Kreis um den Hund herum und halten ein paar Leckerlis bereit. Ihr Hund sitzt in der Mitte und wartet ein erstes Signal ab: »Gehe zu ... «. Entscheidet er sich richtig und steuert die genannte Person an, wird er dort freudig begrüßt und bekommt ein Leckerli. Wichtig – und für kleine Kinder nicht immer ganz einfach: Den Hund nicht mit dem Leckerli anlocken. Am besten versteckt man die Hände mit der Belohnung im Schoß oder hinter dem Rücken. Läuft der Vierbeiner zunächst zur falschen Person, reagiert die einfach nicht und guckt den Hund auch nicht an. Geben Sie dem Hund genügend Zeit zum Überlegen. Kommt er schließlich bei der richtigen Person an, gibt es dort wieder eine freudige Begrüßung und die Belohnung. Wenn das Spiel für Ihren Hund neu ist, sollten Sie den Radius des Kreises eher klein wählen, denn auf diese Weise gelangt der Vierbeiner immer schnell an die richtige Adresse. Hat er sich geirrt, genügen bereits ein, zwei Schritte, und

1. Lustige Runde: Die Retriever-Hündin Alex sitzt geduldig in der Mitte des Kreises und wartet ab, was ihre Aufgabe bei diesem Spiel sein wird.

2. Gehe zu Timmi: Der dreijährige Timmi ist höchst gespannt, ob Alex sich seinen Namen schon gemerkt hat. Es klappt: Die Hündin steuert den Kleinen sicher an, und er darf ihr eine Belohnung dafür geben.

3. Neues Ziel: Nun ist Timmi an der Reihe, der Hündin ein Signal zu geben. Er schickt Alex zu Kirsten.

er ist bei der richtigen Person. Je sicherer er das Spiel beherrscht, desto größer darf der Radius sein.

Für Fortgeschrittene

Tests haben gezeigt, dass Hunde sogar zu Ausschlussverfahren in der Lage sind. Ein berühmtes Beispiel dafür ist der Border Collie »Rico«, bekannt aus der TV-Sendung »Wetten, dass ...?« Probieren Sie es einmal aus: In einen Kreis von Personen, die Ihrem Hund namentlich vertraut sind, setzt sich eine ihm unbekannte Person. Nun soll er genau diese Person ansteuern: Geben Sie ihm das Signal mit »Gehe zu ... (Name des unbekannten Mitspielers)«. Was tut der Hund? Lassen Sie ihm wiederum genügend Zeit, und irritieren Sie ihn nicht mit zu vielen Aufforderungen. Kommt er nicht gleich von selbst drauf, wird er über Versuch und Irrtum schnell lernen, um wen es sich handelt ...

Zieh heraus

Was trainiert wird: Geschicklichkeit, Konzentration und Kombination lautet hier die Aufgabenstellung an Ihren vierbeinigen Liebling.

Das brauchen Sie: Einen Futterbeutel mit Leckerlis, eine etwas dickere Schnur, einen tiefen Tisch, eine Kommode, einen Schrank oder Ähnliches zum Verstecken.

Ein Riesenspaß für zwischendurch: Ihr Hund darf seinen Futterbeutel suchen, doch der ist clever versteckt. Wie kommt Hund nun daran?

Spielobjekt präparieren

Binden Sie eine dickere, etwa ein Meter lange Schnur um den Futterbeutel, den Sie zuvor mit Leckereien gefüllt haben. Das Ende der Schnur bildet ein dicker Knoten, so dass der Hund sie gut aufnehmen kann. Alternativ können Sie statt des Futterbeutels auch ein Spielzeug des Hundes verwenden und zur Belohnung mit dem Hund spielen, wenn er es erfolgreich hervorgeholt hat.

Achtung!: Umwickeln Sie niemals eine Futterbelohnung! Ein übereifriger Hund könnte die Belohnung samt Schnur verschlingen.

Erst mal ganz einfach ...

Wenn Sie Futterbeutel oder Spielzeug fest angebunden haben, schieben Sie das Objekt nicht zu tief unter eine Kommode, einen Schrank oder Ähnliches. Der Abstand zum Boden sollte so niedrig sein, dass der Hund nicht mit der Schnauze darunterkommt. Denn Sinn des Spieles ist es ja, dass der Hund das Objekt herauszieht. Ihr Hund sitzt während der Vorbereitung neben Ihnen und schaut Ihnen zu. Nun fordern Sie ihn auf, Ihnen seinen Futterbeutel zu bringen – und warten ab. Wahrscheinlich guckt er unter das Versteck, kommt aber nicht dran. Jetzt wird es spannend: Überlegt er sich selbstständig eine Strategie? Vielleicht nimmt er die Pfote zur Hilfe und kratzt an der Schnur. Da der Futterbeutel (oder das Spielzeug) anfangs noch nicht sehr tief versteckt ist, kommt es wahrscheinlich gleich in Sicht – und Ihr Hund begreift schnell, worum es hier geht. Super – geschafft! Loben Sie ihn ausgiebig und geben Sie ihm ein Leckerli aus dem Futterbeutel. Nur, wenn er lange ratlos bleibt, helfen Sie ihm, indem Sie selbst an der Schnur ziehen. Die nächsten Male sollten Sie das Spiel noch sehr einfach aufbauen, damit der Hund schnell ein Erfolgserlebnis hat und sicher versteht, wie Futterbeutel/Spielzeug und Schnur zusammenhängen. Erst allmählich verstecken Sie das Objekt immer tiefer, so dass das Schnurende immer kürzer wird.

1. Erster Versuch: Alex kennt dieses Spiel noch nicht. Sie hat gespannt beobachtet, wie Frauchen Marion ihren heiß geliebten Futterbeutel unter dem Wohnzimmertisch versteckt hat. Dann erhält sie das Signal, ihren Futterbeutel zu bringen. Aber wie bloß?

2. Mutig ans Werk: Die fünfjährige Retriever-Hündin kennt viele Tricks und Spiele. Nach kurzem Überlegen nimmt sie die Schnur am Knoten auf.

3. Ganz schön schlau: Bedächtig zieht Alex an der Schnur und beboachtet dabei genau, wie ihr Futterbeutel langsam unter dem Tisch hervorkommt.

4. Geschafft: Sobald der Futterbeutel ganz zu sehen ist, nimmt die Hündin ihn auf und bringt ihn zu Frauchen.

5. Wohlverdient: Diese kleine Denksportaufgabe hat sich gelohnt. Die Retriever-Hündin darf sich eine kleine Köstlichkeit aus dem Futterbeutel nehmen.

Mit dem Hund im Büro

Langeweile unterm Schreibtisch? Mit einem kleinen Fitness-Programm bestimmt nicht: Hund und Halter trainieren gemeinsam ...

Jüngste Studien belegen: Die Kollegen auf vier Pfoten sorgen für gute Stimmung am Arbeitsplatz. Der Stresspegel sinkt, das soziale Miteinander profitiert vom Hund im Team, und die Mittagspause findet draußen an der frischen Luft statt – lauter Argumente, die für den Kollegen Hund sprechen. Voraussetzung ist natürlich, dass sich Ihr Vierbeiner an ein paar Grundregeln hält.

Entlastet die Wirbelsäule: Aufrechter Stand, Beine leicht gegrätscht. Hände falten und lang über den Kopf ausstrecken, Handflächen dabei nach außen drehen. Nun langsam mit geradem Rücken nach vorn unten beugen, bis die Hände fast den Boden berühren. Den Hund haben Sie zuvor »Sitz« machen lassen und fordern ihn nun auf, durch Ihre Arme zu springen. Langsam wieder nach oben bewegen.

Sport für zwei

Beschäftigung sorgt für Zufriedenheit – auch bei Ihrem Hund. Das lässt sich am Arbeitsplatz prima kombinieren, zum Beispiel mit Bürogymnastik. Fünf Minuten Dehnungs- und Muskelübungen für Sie sind zugleich ein paar lehrreiche Trainingsminuten für den Hund. Dafür »parken« Sie ihn während einiger Übungen im Stand zwischen Ihren Beinen und lassen ihn dort auf Ihr Signal hin im Wechsel »Sitz«, »Platz«, »Leg dich« oder »Steh« absolvieren (bzw. was er davon bereits kann). Das ist eine sehr gute Übung, um die Aufmerksamkeit und Disziplin Ihres Vierbeiners zu trainieren.

Alles in Ordnung

Sicher haben Sie für Ihren Hund auch ein paar Spielsachen im Büro dabei. Während Sie kurz vor Feierabend Ihren Schreibtisch aufräumen, sollte Ihr Hund ebenfalls für Ordnung sorgen: Lassen Sie ihn seine Spielzeuge in einen Kasten oder Karton aufräumen (→ Seite 84/85). Auch das Spiel »Hindernis umrunden« (→ Seite 53) ist eine prima Übung für zwischendurch. Als Hindernis bietet sich beispielsweise der Papierkorb an.

Ideal fürs Büro ist ein Snackball oder ein Stoffwürfel (→ Seite 24/25), den man mit Trockenfutter füllen kann. Oder Sie nehmen einen Karton und Papier und machen ein Futterspiel daraus (→ Seite 19/20). Für die Mittagspause im Freien bietet sich die Futterbeutel-Suche an (→ Seite 38/39).

Spielen? Jetzt nicht!

Klar, dass im Büro die Arbeit Vorrang hat. Das sollte auch Ihr Hund respektieren. Wenn er sich damit schwertut und immer wieder mal ein charmantes Störmanöver startet – weiche Schnauze auf Oberschenkel, sehnsüchtiger Blick nach oben »Spiel doch mit mir …«, dann führen Sie am besten eine klare Regel für »Arbeitszeit« und »Hundezeit« ein. Und zwar mit einem deutlichen visuellen Signal, das Ihrem Hund sagt: Jetzt muss ich ruhig sein! Dafür nehmen Sie ein Handtuch, Halstuch oder Ähnliches und schütteln es kräftig aus, so dass der Hund es bemerkt. Das Tuch hängen Sie anschließend zum Beispiel über die Tür. Der Hund muss es gut wahrnehmen können. Nun ist Konsequenz gefragt: Kommt der Hund zu Ihnen und möchte Aufmerksamkeit, ignorieren Sie ihn. Das bedeutet: Nicht anschauen, nicht ansprechen, nicht anfassen. So lange, bis Sie das Tuch von der Tür herunternehmen und es dabei wieder kräftig schütteln. Dann widmen Sie sich dem Hund, machen ein paar Minuten Bürogymnastik für zwei, spielen ein kleines Spiel mit ihm oder drehen draußen eine Runde. Bauen Sie das Tuch-Signal langsam auf: Anfangs genügen zehn Minuten, mit der Zeit steigern Sie die Ruhephase. Länger als vier Stunden Geduld am Stück sollten Sie Ihrem Vierbeiner aber nicht abverlangen.

Gut für straffe Oberschenkel: Aufrecht hinstellen, Beine gegrätscht, Arme waagerecht ausstrecken. Becken nach vorn kippen. Das Gewicht langsam jeweils vom rechten auf das linke Bein verlagern, dabei das belastete Bein beugen. In den aufrechten Stand zurückkehren, zur anderen Seite belasten. Ihr Hund parkt zwischen Ihren Beinen und absolviert auf Ihr Signal hin »Sitz«, »Platz«, »Steh«, »Down«. Übung 8 bis 10 Mal wiederholen.

Stärkt die Beinmuskulatur: Mit dem Rücken an die Wand stellen, Beine grätschen. Langsam runterrutschen, bis Oberschenkel und Knie einen 90-Grad-Winkel bilden. Kopf gerade halten. Mit einem Leckerli in der Hand nun den Hund in einer Slalom-Bewegung durch die Beine führen.

BEGEISTERTE SPORTLER AUF VIER PFOTEN

Sport tut gut, denn Bewegung sorgt für einen trainierten, gesunden und schlanken Körper. Das gilt für Vierbeiner ebenso wie für Zweibeiner. Gemeinsam fit bleiben und dabei Spaß haben heißt die Devise in diesem Kapitel. Packen Sie's an! Werden Sie und Ihr Hund ein sportliches »Dream-Team«.

Ein sportliches Team: Mensch & Hund

Vom Arbeitstier zum Freizeitpartner: Der Hund als enger Begleiter des Menschen hat den Wandel in die Freizeitgesellschaft wie selbstverständlich mitgemacht. Denn trotz Jobstress und multimedialer Vernetzung in alle Welt haben wir heute mehr Zeit als je zuvor, sowohl im täglichen Ablauf als auch an Lebensjahren. Viele nutzen diese Zeit besonders gern für Spaß und Sport im Freien. Ideal für unseren vierbeinigen Begleiter, denn Bewegung in der freien Natur ist eine seiner Lieblingsbeschäftigungen. Vieles spricht also dafür, den Hund beim Fahrradfahren, Joggen, Walken, Wandern, Schwimmen oder Reiten einfach mitzunehmen. Doch ganz so einfach ist das gar nicht immer. Denn hier heißt es, die eigene Kondition, Geschicklichkeit und Sicherheit genau auf die Möglichkeiten, Fähigkeiten und Fitness des vierbeinigen Partners abzustimmen. Führen Sie Ihren Hund behutsam an seinen jeweiligen Part heran, und steigern Sie seine Ausdauer allmählich, damit die Freude an der gemeinsamen Sache nicht auf der Strecke bleibt. Vor allem aber muss der Freizeitsportler Hund auch ohne Leine und schnellen Griff zum Halsband oder Geschirr lenkbar sein, denn sonst wird aus Spaß rasch ein Sicherheitsrisiko. Deshalb ist eine gründliche Erziehung Ihres Vierbeiners im Hinblick auf sein »Benehmen« als Freizeit-Sportbegleiter auch eine Frage der Fairness – für alle Beteiligten.

Joggen und Walken baut Kondition auf

Was trainiert wird: Für einen erwachsenen Hund, der Spaß am Mitlaufen hat, ist es ein ideales Konditions- und Muskelaufbauprogramm.

Das brauchen Sie: Leine, Brustgeschirr, eventuell einen Jogging-Gurt, Wasser zum Trinken bei längeren Strecken.

Ein Waldlauf mit Hund ist eine herrliche Sache. Vor allem sehr bewegungsfreudige Hunde lieben es, weil ihnen das Laufen in den Genen steckt. Ihr Stammvater, der Wolf, ist ein Lauftier und kann innerhalb von 24 Stunden im ruhigen Trab gut und gerne 30 bis 50 Kilometer zurücklegen.

Wenn Sie Ihren Vierbeiner zum Joggen oder Walken mitnehmen möchten, gibt es einige Grundregeln zu beachten: Das ist einmal das Alter des Hundes, dann seine Kondition und seinen Gehorsam. Und noch ein Punkt ist wichtig: Es gibt durchaus Hunde, die keinen Spaß am Mitlaufen haben, ebenso wie »Fahrrad-Muffel«. Das gilt meist für Rassen oder Mischlinge, die körperlich nicht gut für Langstreckenläufe geeignet sind, beispielsweise kurzläufige, schwere Hunde wie Basset, Hunde mit stark verkürzter Schnauze etc. Aber auch durchaus »sportliche« Hunde trotten manchmal eher widerwillig hinterher, wenn Herrchen oder Frauchen sich dynamisch durch die Natur bewegen. Dann macht es keinen Sinn, diese sportliche Gemeinsamkeit erzwingen zu wollen. Zum Glück gibt es ja genügend Alternativen!

Langsam Grundkondition aufbauen

Um herauszufinden, ob Ihr Hund ein freudiger Jogger oder Walker ist, bauen Sie das Training für ihn langsam auf. Denn vielleicht ist es nur Überforderung, die dem Vierbeiner das Jogging- oder Walking-Vergnügen vergällt!

Starten Sie mit einem leichten Aufbautraining erst, wenn der Hund ausgewachsen ist. Das bedeutet, bei kleinen Hunden ab ca. zehn Monate, mittelgroße Hunde ab ca. einem Jahr, große und sehr große Hunde ab anderthalb bis zwei Jahren. Um sicherzugehen, befragen Sie dazu am besten Ihren Tierarzt/-ärztin.

Legen Sie zunächst bei einem Spaziergang kleine Laufeinheiten ein, drei bis fünf Minuten genügen anfangs. Halten Sie den Hund dabei an der lockeren Leine, er sollte unbedingt das Signal »Bei mir« beherrschen (→ Praxis-Tipp, Seite 110). Versucht der Hund anfangs, vor lauter Bewegungsfreude an Ihnen hochzuspringen, verlangsamen Sie den Laufschritt so weit, bis der Hund einige Schritte ruhig mitläuft. Dafür gibt es natürlich ein dickes Lob und Belohnung in Form eines Leckerlis.

Im ruhigen »Wolfstrab«

Regelmäßige Spaziergänge mit gelegentlichen Laufphasen sind ideal, um den Hund an das gleichmäßige Mitlaufen zu gewöhnen. Wenn das nach ein paar Wochen gut klappt und der Hund freudig – ohne Anzeichen von Erschöpfung – mitläuft, kehren Sie das Verhältnis von Laufen zum Spazierengehen allmählich um. Aber Vorsicht vor zu schnellen Steigerungen: Ein zehnminütiges Mitlaufen an Ihrer Seite ist schon eine große Herausforderung für Ihren Vierbeiner. Passen Sie Ihr Tempo unbedingt Ihrem Hund an: Er sollte in einem ruhigen »Wolfstrab« mitlaufen können.

Besonders gut trainierte Hunde können bis zu einer Stunde mitlaufen, doch legen Sie dazwischen Pausen ein. Außerdem sollten Asphaltstrecken fürs Joggen bzw. Walken die Ausnahme bilden, denn die Hornhaut an den Ballen Ihres Vierbeiners kann durchaus Blasen bekommen.

Im Sommer ist die Gefahr der Überhitzung oder gar des Hitzeschlags beim Hund groß (→ Praxis-Tipp, »Wie der Hund schwitzt«, Seite 115), deshalb ist es besser, bei höheren Temperaturen, nur in den Morgen- und Abendstunden zu trainieren. Ist die Wetterlage dagegen schwül/heiß, sollten Sie das Training ausfallen lassen. Wer mit seinem Hund sehr lange Strecken joggen oder walken möchte, kann sich einem entsprechenden Verein anschließen, zum Beispiel »Turnier-Hundesport« (→ Seite 154/155). Dort können Sie zusammen mit Ihrem Hund ein Aufbautraining unter professioneller Anleitung absolvieren.

Kleine Spielpausen motivieren

Den Spaßfaktor am Mitlaufen erhöhen Sie auf jeden Fall, wenn Sie zwischendurch immer wieder mal ein Spiel einlegen. Besonders geeignet sind beispielsweise das »Umrunden« (→ Seite 53), »Bergsteigen« leicht gemacht (→ Seite 60/61) oder »Baumtouch« (→ Seite 64/65). Auf diese Weise halten Sie Ihren vierbeinigen Partner mit Abwechslung und kleinen Belohnungen in Mitlauf-Laune!

PRAXIS-TIPP

Sicherheit für Ihren Hund

Wenn Sie mit Ihrem Hund unterwegs sind, sollte er auf Signal hin an Ihrer Seite gehen können. Nennen Sie das Signal beispielsweise »Bei mir«. Ihr Hund soll dabei ruhig neben Ihnen gehen, seine Schulter etwa auf Höhe Ihres Knies, und stets Ihrem Tempo angemessen. Wenn Ihr Vierbeiner etwa fünf bis sechs Monate ist, können Sie mit dem Training beginnen. Üben Sie immer nur in kleinen Trainingseinheiten (zwei bis drei Minuten). Nehmen Sie Ihren angeleinten Hund auf Kniehöhe an Ihre rechte Seite. Die Leine hängt locker durch, sollte Ihrem Hund jedoch nicht allzu viel Spielraum lassen. In der linken Hand halten Sie einige Leckerlis, dann gehen Sie in normalem Schritttempo los. Sobald der Hund seine Position an Ihrem Knie verlässt, gibt es folgende Möglichkeiten für eine korrigierende Reaktion: Sie bleiben stehen, schauen ihn dabei nicht an, sprechen ihn auch nicht an, sondern warten ab. Kehrt er in seine Position an Ihrer Seite zurück, loben Sie ihn kräftig und belohnen ihn mit dem Leckerli aus der linken Hand. Klappt die Korrektur so nicht, versuchen Sie es anders: Sobald Ihr Hund vorläuft oder zurückfällt, wenden Sie sich nach links ab, der angeleinte Hund muss automatisch folgen. Hat er seine richtige Position wieder erreicht, gibt es wiederum ein dickes Lob und ein Leckerli. Nicht vergessen, das Signal zum Beispiel mit »Lauf« oder »Weiter« wieder aufzulösen. Lassen Sie ihn anfangs immer nur einige Meter »Bei mir« gehen, dann steigern Sie die Dauer langsam. In drei bis vier Wochen sollte Ihr Hund das Signal sicher ausführen können.

1. Mit Leine: Kleinere Jogging-Strecken läuft Caro auch mit ihrem Mischling Toni. Zwischendurch geht sie einige Minuten »spazieren« oder legt ein kleines Spiel ein. Ein Jogging-Gurt ist ideal, wenn der Hund noch nicht absolut verlässlich an der Seite bleibt.

2. Ohne Leine: Toni beherrscht das Signal »Bei mir« und läuft in ruhigem Trab neben Caro her. In geeignetem Gelände löst sie das Signal wieder auf, dann darf Toni auch in größerer Entfernung mit ihr laufen.

3. Walken: Wer den Hund zum Walken mitnimmt, muss sich auf ihn verlassen können, denn hier geht es nur ohne Leine. Das Walking-Tempo ist ideal für den kleinen Mischling, weil es ihm maximal einen ruhigen Trab abverlangt.

Fahrrad fahren mit dem Hund als Begleiter

Was trainiert wird: Hunde, die regelmäßig mit angemessener Anforderung am Fahrrad mitlaufen, bauen Muskulatur und Kondition auf. Außerdem wächst die Bereitschaft, Ihnen zu folgen, weil Sie radelnd schneller weg sind.

Das brauchen Sie: Brustgeschirr (kein Halsband!), Leine, gefüllte Wasserflasche, eventuell eine Fahrradsicherung. Für längere Touren eventuell zusätzlich einen Fahrradanhänger oder Fahrradkorb, Fitness-Riegel (für den Hund!).

Radfahren macht einfach Spaß, noch dazu, wenn der Hund mitläuft! Außerdem ist es ein ideales Fitnessprogramm für Sie beide, wenn Sie die Sache richtig angehen. Mit einem ausgewogenen Training und der passenden Ausstattung sind sogar Fahrradtouren möglich – darauf müssen Sie auch als Hundebesitzer nicht verzichten.

Hinweis: Falls Sie einen jungen Hund haben: Ihr Vierbeiner sollte ausgewachsen sein, bevor Sie ihn am Fahrrad mitlaufen lassen. Denn die Dauerbelastung geht auf die Knochen – und die sind vor Ende des Wachstums noch nicht stabil genug für zu viel sportliche Aktivität. Kleine Rassen sind mit etwa zehn Monaten ausgewachsen, mittlere mit einem Jahr, große Rassen (ab etwa 60 cm) wachsen bis zu anderthalb Jahren, und Riesenrassen – wie die Dogge – gar bis zu zwei Jahren. Ihre Tierärztin oder Ihr Tierarzt können Ihnen am besten sagen, wann Sie mit Ihrem Hund am Rad loslegen dürfen.

Angst vor dem Fahrrad

Jeder vierbeinige Radl-Neuling sollte behutsam an dieses »merkwürdige Ding« gewöhnt werden – denn das ist das Fahrrad für die meisten Hunde. Selbst Hunde, die schon gut neben dem Rad herlaufen, haben oftmals Angst, wenn es ihnen zu nahe kommt. Das kann in brenzligen Situationen durchaus gefährlich werden.

Zum Fürchten finden Hunde das Zweirad aus verschiedenen Gründen: Sie können es nicht einschätzen, denn es ist starr und zeigt keine natürlichen – und damit interpretierbaren – Körper-Signale. Es »beschwichtigt« beispielsweise nicht, wenn es direkt auf den Hund zukommt. Und es macht seltsame Geräusche, die der Hund nicht einordnen kann. Gewöhnen Sie Ihren Hund deshalb langsam an das Fahrrad und zwar so, dass es ihm anfangs nicht zu nahe kommt. Das funktioniert gut, wenn Sie jemanden bitten, Ihren Hund an der Leine zu führen, während Sie das Rad schieben. Da der Hund im Straßenverkehr immer rechts vom Rad laufen sollte (in Kantstein-Nähe), positionieren Sie ihn auch beim »Radl-Warm up« schon gleich an der rechten Seite des Fahrrads. Lassen Sie ihn in einem Abstand mitgehen, der für ihn in Ordnung zu sein scheint:

Sicher radeln: Mit einer Fahrradhalterung, die am Rahmen befestigt wird, haben Sie beide Hände frei für Lenker und Bremsen. Der Hund läuft in sicherem Abstand mit. Plötzliche Stopps Ihres Vierbeiners werden so abgefedert.

Rute, Ohren und Körperhaltung sollten entspannt sein. Ihr menschlicher Mitläufer hält den Hund dabei so, dass die Hundeschulter mit Ihrem Knie gleichauf ist. Eine ruhige Unterhaltung signalisiert dem Hund, dass Sie offenbar keine Angst vor dem starren Ding haben – also auch für ihn kein Grund zur Beunruhigung besteht. Ein kurzer Weg zu dritt genügt anfangs. Wiederholen Sie es öfter, bis der Hund bereitwillig in einem vernünftigen Abstand mitgeht. Erst dann steigen Sie aufs Fahrrad und rollen langsam, während der Hund noch immer von einer Begleitperson an der Leine geführt wird. Die Person, die den Hund an der Leine führt, sollte darauf achten, dass er durch das erhöhte Tempo nicht in ein aufgeregtes Mitrennen verfällt. Nach wie vor geht oder trabt der Hund auf Kniehöhe langsam mit. Wechseln Sie Rollen und Schieben des Fahrrads ab, bis Ihr Hund die kleinen Tempowechsel gut mitmacht. Der nächste Schritt wird spannend: Nehmen Sie die Leine nun selbst in die Hand (Leine niemals ums Handgelenk oder den Lenker schlingen!) und lassen Sie den Hund anfangs ein Stück neben dem geschobenen Rad mitgehen und dann, während Sie langsam fahren.

Was alles Sicherheit bringt

Durchaus empfehlenswert ist eine Fahrradhalterung am Rahmen des Rads, an der Sie die Leine befestigen können. Im Fachhandel gibt es verschiedene Modelle zur Auswahl. Dann haben Sie die Hände frei für das Lenken und Bremsen, und ein etwaiges plötzliches Anhalten des Hundes wird zumindest etwas abgefedert. Am sichersten aber sind Sie radelnd mit Hund unterwegs, wenn Ihr Vierbeiner einen gewissen Grundgehorsam und einige »Mitfahr-Regeln« beherrscht.

Dafür sollte er an »lockerer Leine« gehen können und im Freilauf auf ein entsprechendes Signal hin verlässlich auf Kniehöhe an Ihrer Seite mitgehen. Das entsprechende Signal könnte zum Beispiel

»Bei mir« lauten. Wenn er das beherrscht, vermindern Sie die Gefahr, dass der Hund Sie beim Fahrradfahren überholt (und womöglich vor das Rad läuft) oder zurück bleibt. Beherrscht er das Signal noch nicht, üben Sie es mit ihm zunächst ohne Fahrrad (→ Praxis-Tipp, Seite 110). Anschließend trainieren Sie es mit ihm am Rad. Dafür schieben Sie anfangs und bleiben sofort stehen, sobald Ihr Hund die »Bei mir«-Position verlässt. Weiter geht es erst, wenn er in die gewünschte Position zurückgekehrt ist. Klappt das, trainieren Sie bei langsamem Fahrtempo, bis Ihr Hund auf Signal verlässlich an Ihrer Seite mitläuft. Üben Sie später kleine Tempowechsel. Ziel ist, dass er sich stets Ihrer Geschwindigkeit anpasst und automatisch stehen bleibt, wenn Sie stehen bleiben.

Kondition langsam aufbauen

Grundsätzlich sollte der Hund am Rad einen ruhigen, sogenannten »Wolfstrab« laufen können. Und er sollte vor dem Fahrradfahren genügend Gelegenheit gehabt haben, alle notwendigen »Geschäfte« zu erledigen. Kleine Galoppstrecken sind nur ab und zu zwischendurch, ohne Leine und auf weichem Boden, angebracht. Außerdem sollte der Hund dafür gelernt haben, nicht vor das Rad zu laufen (→ rechts). Ohnehin ist am Rad die Gefahr groß, die Kondition des Hundes zu überfordern. Denn er kann das Tempo ja nicht selbst bestimmen. Starten Sie mit Saisonbeginn ein Trainingsprogramm für Ihren Vierbeiner. Einige Intervalle von fünf Minuten Radeln – fünf Minuten Schieben (= Schnupperzeit) sind für die erste Woche genau richtig. Dann steigern Sie die Fahrzeiten allmählich. Erschöpfungsanzeichen sind beispielsweise, wenn der Hund das Tempo nicht halten kann, wenn er in den »Pausen« nicht lebhaft schnüffelt, verstärkt hechelt und insgesamt sehr unmotiviert wirkt. Dann müssen Sie die Anforderung herunterfahren und das Training langsamer aufbauen.

Gewöhnungsphase zu Fuß: Vielen Hunden ist das Fahrrad anfangs suspekt. Geben Sie Ihrem Vierbeiner die Gelegenheit, sich mit dem »Ding« vertraut zu machen. Zum Beispiel wie hier mithilfe einer Begleitperson.

Entspannt auf langen Touren

Wie lange Sie schließlich mit Ihrem Hund gemeinsam radeln können, hängt von verschiedenen Faktoren ab: Alter, Trainingszustand, Gelände (weniger Asphalt, mehr weicher Boden), Wetter – schwüle Wärme ist grundsätzlich schlechter als trockene. In den warmen Sommermonaten sollten Sie Fahrradtouren in die Morgen- und Abendstunden verlegen. Ein wirklich gut trainierter Hund kann schon mal bis zu zwei Stunden mittraben, jedoch mit – schattigen – Pausen, und häufig frei laufend (natürlich nur in sicherem Gelände). Ganz entspannt wird die Angelegenheit, wenn Sie für längere Touren einen Fahrradanhänger mitnehmen, die gibt es speziell für Hunde. Dann kann der Vierbeiner zwischendurch immer mal ausruhen, und auch unsichere Fahrstrecken, zum Beispiel an der Straße, lassen sich so stressfreier bewältigen. Einige Hunde sind schneller ausgepowert und gehören dann – gesichert – in einen Fahrradkorb. Sorgen Sie immer für Wasser unterwegs, und auch einen leichten Snack für den Hund sollten Sie dabeihaben, um einer Unterzuckerung vorzubeugen.

PRAXIS-TIPP

Warum Hunde hecheln ...

Ein Hund hat nur wenige Schweißdrüsen, hauptsächlich an den Pfoten. Für das Regulieren des Wärmehaushalts haben sie kaum Bedeutung. Ein Thermoausgleich findet im Wesentlichen über das Hecheln statt: Bei geöffneter Schnauze atmet der Hund über die Nase ein und über das Maul aus. Dabei verdunstet Wasser über die Schleimhäute. Den Wasserverlust muss der Hund durch größere Trinkmengen ausgleichen. Deshalb ist es im Sommer und bei Anstrengung wichtig, Trinkwasser für den Vierbeiner dabeizuhaben.

2. Du und ich und das Fahrrad: Toni hat keine Angst mehr vor dem Rad, denn Frauchen scheint alles gut im Griff zu haben. Er läuft an lockerer Leine entspannt nebenher. Nun kann Caro es auch schon mal mit einem leichtem Rollen versuchen.

3. Große Freiheit für kurze Beine: Toni läuft auf Kniehöhe mit und hat gelernt, das Vorderrad nicht zu überholen. Für lange Touren montiert Frauchen einen Fahrradkorb für Toni.

Wandern mit Hund – eine feine Sache

Was trainiert wird: Ausdauer und Kondition. Ein ruhiges, stressfreies Miteinander stärkt außerdem die Bindung zwischen Hund und Halter.

Das brauchen Sie: Leine und Geschirr, evtl. Hunderucksack und Packtaschen für den Hund, eventuell Pfotenschutz (Schneetouren); Trinkwasser und kleine Futterration für den Hund.

Die meisten Vierbeiner sind vor Freude außer sich, sobald Herrchen oder Frauchen die Wanderstiefel hervorholen. Sie wissen, was jetzt kommt: Abenteuer und große Freiheit.

Immer schön auf dem Weg bleiben

Doch »große Freiheit« heißt es für den Hund nur, wenn er ohne Leine mitlaufen darf. Bei der jeweiligen Stadt- oder Gemeindeverwaltung erfahren Sie (oft auch online), wo das Anleinen Pflicht ist und wo es »Leinen los!« heißt. Im Sinne von Landschafts- und Naturschutz muss der Hund dabei auf den Wegen bleiben und darf nicht rechts und links in der Wildnis herumstöbern. Das schreiben die Gesetze vor (wildernde Hunde dürfen gar erschossen werden). Deshalb ist eine wichtige Voraussetzung für eine entspannte Tour ein gut erzogener Hund, der auf Zuruf sofort an Ihrer Seite ist.

Jeder Hund kann wandern

Auf längere Touren sollten Sie nur ausgewachsene Hunde mitnehmen, weil ansonsten die Belastungen auf die noch weichen Knochen der Youngster geht. Wenn das öfter vorkommt, sind Langzeitschäden zu befürchten. Kondition bekommt Ihr Vierbeiner genau wie Sie: Steigern Sie die Länge der Wanderrouten allmählich. Am Tag nach einer Wanderung sollte Pause sein, denn auch Hunde bekommen Muskelkater. Weniger lauffreudige Vertreter tun sich auf Dauer schwer mit großen Touren, und zu viel Springen geht zudem auf die Gelenke. In den Bergen sollten Sie deshalb entsprechend einfache Strecken auswählen und für kleine Hunde zum Beispiel einen Hunderucksack (aus dem Zoofachhandel) dabeihaben.

Mein Rucksack, dein Rucksack ...

Wenn Sie nicht sicher sind, dass Ihre Route an genügend Wasserquellen vorbeiführt, nehmen Sie Trinkwasser für den Hund mit. Auch ein paar Brocken Trockenfutter oder getrocknete Fleischstreifen sollten Sie als Proviant am Wanderziel dabeihaben. Wenn Sie mit Ihrem Vierbeiner lange Tagestouren planen, können Sie ihm beibringen, seine Wanderutensilien selber zu tragen: Packtaschen für den

1. Glücksgefühle für Gipfelstürmer: Eine Wandertour mit Hund ist ein herrliches Erlebnis. Trainieren Sie gemeinsam Kondition mit kleinen Touren zu Saisonbeginn. Mit dem richtigen Training sind später auch längere Routen kein Problem für den Vierbeiner.

2. Rucksack für Vierbeiner: Im Fachhandel gibt es spezielle Packtaschen in verschiedenen Größen für den Hund. So kann Ihr vierbeiniger Liebling seinen Proviant selbst transportieren. Gewöhnen Sie ihn rechtzeitg – vor Beginn der Wanderung – daran.

Hund gibt es in verschiedenen Größen. Gewöhnen Sie ihn rechtzeitig vor Tourbeginn an das Tragen: Erst mal ohne Inhalt und nur ein paar Minuten, dann etwas länger, allmählich mit Inhalt. Trägt Ihr Vierbeiner üblicherweise ein Hundegeschirr, wird ihn die Packtasche wahrscheinlich nicht weiter irritieren. Neben Wasserflasche und Wassernapf (gibt es zusammenfaltbar) und etwas Proviant sollte auch ein kleines Erste-Hilfe-Pack mit Verbandszeug dabei sein. Bei harschigen Bergtouren oder Schneerouten sind durchaus Wanderschuhe für die Pfoten angesagt: Ein Hund kann sich die Ballen wund laufen. Doch so viel Equipment ist meist nur auf langen Tagestouren notwendig. Seite an Seite durch die Landschaft laufen, das macht gute Laune – und müde. Für spielerische Abwechslung brauchen Sie deshalb auf einer Wanderung in der Regel nicht zu sorgen, das powert Ihren Hund nur unnötig aus.

Mit dem Hund **am Wasser**

Was trainiert wird: Mit einem ruhigen und sicheren Schwimmtraining gewinnt der Hund an Kondition und Ausdauer. Für gelenkkranke Hunde ist Bewegung im Wasser auch durchaus eine Therapieform.

Das brauchen Sie: Handtuch, Wasserspielzeug, eine Schwimmweste für den Hund, Trinkwasser (am Meer).

Einigen Hunderassen ist die Liebe zum Wasser in die Wiege gelegt. Doch nicht nur Retriever, Neufundländer & Co. schwimmen gern. Einmal auf den Geschmack gekommen, genießen viele Hunde eine Erfrischung in Fluss oder See. Und wenn sich im Mensch-Hund-Team zwei »Wasserratten« gefunden haben, lässt sich diese Leidenschaft sogar zu einer heldenhaften Beschäftigung ausbauen: Hunde als Rettungsschwimmer leisten in enger Zusammenarbeit mit ihren Besitzern großartige Arbeit. Wer solche Ambitionen hat, kann die Schwimmfähigkeit seines Hundes in Wasserarbeitsgruppen oder bei einer Rettungshundestaffel trainieren (→ Seite 150 und »Adressen« Seite 184).

Nasse Pfote, dickes Lob

Dennoch heißt es für jeden Vierbeiner: Erst einmal vorsichtig erkunden, was für ein seltsames Element das Wasser eigentlich ist. Selbst ein Neufundländer kann sich zunächst als wasserscheu entpuppen. Der Spaßfaktor an Wasserspielen ist deshalb vor allem eine Gewöhnungs- und Erziehungsfrage.

Schon Ihren Welpen können Sie spielerisch mit dem kühlen Nass vertraut machen, indem Sie ihn an See- oder Flussufer zunächst einmal in Ruhe erkunden lassen, was es mit dem Wasser auf sich hat. Wenn Sie dabei selbst »höchstinteressiert« ein kleines Wasserspiel beginnen, steckt Ihr Hund sicherlich neugierig seine Nase hinzu – und traut sich vielleicht auch schon mal mit einer Pfote in das kühle Nass. Dann loben Sie ihn kräftig und lassen es für dieses Mal dabei bewenden.

Eine langsame Eroberung dieses neuen, ungewohnten Elements ist die beste Voraussetzung dafür, dass Ihr Hund Freude am Wasser entwickelt.

Für spätere Apportierspiele gibt es im Fachhandel regelrechtes Schwimmspielzeug. Werfen Sie es anfangs immer nur so weit ins Wasser, dass der Hund noch Boden unter den Pfoten hat. Erst wenn Sie das Gefühl haben, Ihr Vierbeiner fühlt sich im Wasser schon recht sicher, wagen Sie den nächsten Wurf so, dass er ein, zwei Züge schwimmen muss, um sein Spielzeug zu ergattern. Zurück an Land erwartet ihn für diese Meisterleistung natürlich eine wahre Lobeshymne!

Tabu ist beim Gewöhnen an das Wasser jede Form von Zwang: Schlechte Erfahrung ist der denkbar schlechteste Schwimmlehrer.

So macht das Apportieren noch mehr Freude: Ein Spiel am Wasser ist für Zwei- und Vierbeiner eine willkommene Abwechslung. Probieren Sie es doch einfach einmal mit Ihrem Hund aus.

EXPERTEN-TIPP

Wenn doch etwas passiert ist …

Im Ernstfall ist es gut zu wissen, wie man seinem Hund in einer Gefahrensituation schnell hilft. Hundebesitzer sollten sich grundsätzlich mit Erste-Hilfe-Maßnahmen für Ihren Vierbeiner vertraut machen, denn nicht nur im Wasser kann etwas passieren. Ein Kurs oder ein Fachbuch bringt für den Notfall rettendes Fachwissen, um richtig vorzugehen. Wenn Sie bei Ihrem Hund keine Atmung mehr feststellen, sollten Sie wissen, wie eine Herz-Lungen-Massage funktioniert. Wichtig: Scheint Ihr Hund nach einem Schwimmunfall wieder ganz in Ordnung zu sein, bringen Sie ihn dennoch in eine tierärztliche Praxis. Auch die kleinste Menge Wasser in der Lunge ist eine hohe Gesundheitsgefahr, die manchmal erst ein paar Tage später Folgen zeigt.

Geborene Wassertreter

Die Fähigkeit zum Schwimmen haben alle Hunde, denn im Gegensatz zu uns müssen sie keine besonderen Bewegungen dafür erlernen. Sobald sie den Boden unter den Pfoten verlieren, machen sie instinktiv das Richtige: Sie paddeln mit allen vieren vorwärts, so, als würden sie laufen. Doch Hunde wissen das nicht. Bringen Sie Ihren Hund spielerisch dazu, es einmal auszuprobieren. Übrigens: Die vermeintlichen Schwimmhäute, die man ausgesprochenen Wasserhunden wie Neufundländern oder Labradors nachsagt, haben alle Hunde. Fühlen Sie doch einmal nach … Es sind Zehenzwischenhäute, die bei einigen Rassen lediglich etwas ausgeprägter sind als bei anderen.

Eine Weste für eifrige Schwimmer

Prinzipiell darf jeder Hund ins kühle Nass, wenn er Spaß dran hat. Allerdings gibt es einige Sicherheitsregeln, um gefährliche Situationen zu vermeiden. Hunde können ihre Kräfte nicht vernünftig einteilen. Sie toben, rennen, schwimmen, solange es eben geht. An Land können sie sich in der Regel einfach hinlegen, um eine Pause einzulegen. Im Wasser geht das nicht. Dort spürt der Hund unter Umständen zu spät, dass seine Kraft nicht mehr ausreicht, um zurück ans Ufer zu gelangen. Und auch Hunde können Muskelkrämpfe bekommen! Um das Schlimmste zu verhindern, werfen Sie bei Apportierspielen nicht zu weit und nicht zu oft, und beobachten Sie Ihren Hund genau. Wenn er Sie beim Schwimmen begleitet, sollten Sie die Strecken ebenfalls nur ganz allmählich steigern und immer in Ufernähe bleiben. Gefährlich sind außerdem Unterströmungen in Gewässern, die Mensch und Hund gefährlich werden können. Deshalb sollten Sie an unbekannten Gewässern besonders vorsichtig sein und nichts riskieren. Ein Apportierspiel mit einem Schwimmdummy macht dem Hund auch riesig Spaß, wenn er sich dabei nur die Pfoten nass macht. Wer mit seinem Hund regelmäßig schwimmen möchte, geht mit einer Schwimmweste für den Vierbeiner (im Fachhandel erhältlich) auf Nummer sicher. Hier lohnt es sich unbedingt, in Qualität zu investieren. Hochwertige Schwimmwesten sind in der Regel sehr haltbar. Menschen, die regelmäßig mit Hunden Wasserarbeit trainieren, raten grundsätzlich dazu, dem Vierbeiner eine Schwimmweste anzulegen. Begleitet Ihr Hund Sie bei Wassersportarten, wie Segeln, Surfen oder Kajaken, ist eine solche Weste ohnehin ein Muss. Übrigens: Halsband oder Geschirr haben an einem schwimmenden Hund nichts zu suchen. Zu groß ist die Gefahr, dass er beim Paddeln mit einer Pfote daran hängen bleibt, ebenso wie beispielsweise an unter Wasser treibenden Ästen.

So sind Strandspiele sicher

Bei Ausflügen ans Meer gehört die Schwimmweste für den Hund unbedingt ins Gepäck, falls er nicht ohnehin nur am Meeressaum spielt. Respektieren Sie seine natürliche Furcht vor den Wellen und jagen Sie ihn nicht in die Fluten. Die meisten

Ein Riesenspaß: Die meisten Hunde lieben Wasserspiele über alles, wenn man sie behutsam an das »nasse Element« herangeführt hat. Probieren Sie aus, ob Ihr Hund eine »Wasserratte« ist.

1. Gut für Gelenke und Muskulatur: Die wohltuende Wirkung von Bewegung im Wasser wird sogar in der Physiotherapie für Hunde eingesetzt, zum Beispiel bei Arthrose-Patienten oder auch als Reha nach einer Operation.

2. Immer auf Nummer sicher gehen: Hunde können sich ihre Kräfte beim Schwimmen nicht einteilen. Deshalb sollte man sie niemals unbeaufsichtigt lassen und bei unbekannten Gewässern lieber mit dem Vierbeiner am Ufer bleiben.

Hunde finden übrigens keinen Geschmack am salzigen Meerwasser. Falls doch, verhindern Sie, dass der Hund zu viel Meerwasser trinkt. Für längere Strandaufenthalte sollten Sie deshalb immer genügend Süßwasser mitnehmen, damit der Strandläufer seinen Durst löschen kann. Eine Dusche spült das Salz aus dem Fell, bevor es zu Hautirritationen kommen kann.

Gut für die Knochen

Schwimmen tut gut. Die Wellness-Wirkung von Wasserspielen wird bei vielen Erkrankungen des Bewegungsapparates sogar als Therapie bei Vierbeinern eingesetzt.
Auch ältere Hunde können noch lange mit ins Wasser und dürfen dort unbeschwert sporteln. Eine Schwimmweste für Ihren Hund sorgt dabei immer für einen ungetrübten Wasserspaß.

Mit **Hund** und **Pferd** unterwegs

Was trainiert wird: Ausdauer und Kondition Ihres Hundes.

Das brauchen Sie: Schleppleine, zum Üben ein Fahrrad als »Pferdersatz«, Leine (es gibt Spezialleinen für Reitbegleithunde), Leckerlis.

Viele Reiter sind auch Hundebesitzer oder wollen es werden – und träumen von herrlichen, gemeinsamen Ausritten zu dritt. Doch bevor es so weit ist, braucht es ein gründliches Training. Denn die Situation ist eine ganz besondere: Sie müssen nicht nur das Pferd im Griff haben, sondern auch Ihren Hund, und das, ohne wie gewohnt direkt auf ihn einwirken zu können.

Der richtige Typ

Ob ein Hund als Reitbegleiter geeignet ist, lässt sich nicht ausschließlich an einer bestimmten Rasse festmachen. Entscheidend ist seine individuelle körperliche und mentale Ausstattung.

Ideal ist ein »sportlicher« Hund, der eine gute körperliche Kondition hat (also Zwei-, Dreistunden-Spaziergänge mühelos und gern (!) mitläuft), nicht zu ängstlich ist und seinen Jagdtrieb – falls vorhanden – im Zaum halten kann. Damit ist bereits die wichtigste Eigenschaft angesprochen: Ihr Hund sollte Ihnen sehr gut folgen und einige grundsätzliche Signale beherrschen. Einen Junghund nehmen Sie am besten nur zu kleineren Viertelstunden-Touren mit (wenn er vom Grundgehorsam her schon so weit ist), für längere Ausritte muss der Hund ausgewachsen sein.

Grundgehorsam am Fahrrad üben

Die wichtigsten Signale, die Ihr Hund neben dem Pferd beherrschen sollte, sind: »Sitz« und »Platz«, »Bleib« oder »Warte«, »Bei mir« (sicher auf Beinhöhe neben Ihnen laufen) und zum Beispiel als Auflösungs-Signal »Weiter«. Selbstverständlich muss er sich jederzeit kontrolliert von Ihnen zurückrufen lassen. Wenn er diesen Grundgehorsam beim gemeinsamen Spaziergang beherrscht, heißt das nicht, dass alles vom Pferd aus genauso gut funktioniert. Mit dem Fahrrad lässt sich eine gut vergleichbare Trainingssituation simulieren. Oder Sie setzen sich beispielsweise einfach mal erhöht (auf eine Bank, einen Baumstumpf) und probieren die Signale von dort aus.

Vertrauen zwischen Pferd und Hund

Der erste Schritt zu einem sicheren Reitbegleithund ist eine vertrauensvolle Beziehung zwischen den beiden Vierbeinern, dem Pferd und dem Hund, die

Ein gutes Team: Wenn Hund, Pferd und Reiter das Miteinander gründlich trainiert haben, gibt es für die drei wohl kaum etwas Schöneres als so einen entspannten Geländeritt.

auf Respekt und Erfahrung basiert. Nehmen Sie Ihren Welpen öfter mit in den Reitstall, und lassen Sie ihn dort die ganz speziellen Gerüche und Geräusche kennenlernen. Erste »hautnahe« Begegnungen mit einem Pferd sollte der Kleine nur an der Leine und aus sicherer Distanz erleben.
Vorsicht! Lassen Sie Ihren Hund niemals unbeaufsichtigt im Reitstall herumlaufen, wenn er noch nicht gelernt hat, in welchen Bereichen er sich ungefährdet bewegen kann.
Wollen Sie einen älteren Hund an Pferde und Reiter gewöhnen, gehen Sie beispielsweise zu Fuß mit einigen befreundeten Reitern mit. Gehen Sie mit Ihrem Hund nur so weit an Pferd und Reiter heran, wie er ohne zu zögern mitgeht und tun Sie so, als wäre gar nichts Ungewöhnliches los. Gut gemeintes Beruhigen des Hundes weckt bei ihm nur den Verdacht, dass es sich hier um eine ziemlich ungute Situation handelt. Ihr Vierbeiner soll aber lernen, das Pferd als »selbstverständlich« zu akzeptieren.

Spezielles Training mit Assistenz

Um den Hund schließlich an die Reitsituation im Gelände zu gewöhnen, bauen Sie ein Trainingsprogramm mit einer weiteren Person als Unterstützung auf. Das kann bei regelmäßigem Training durchaus einige Wochen dauern, bringt aber größtmögliche Sicherheit. Anfangs heißt es erst einmal zu Fuß gehen mit Pferd und Hund, bis sich beide ohne Angst an den jeweils anderen Vierbeiner gewöhnt haben. Dann trainieren Sie das langsame Reiten mit angeleintem Hund und Schleppleinentraining (gewöhnen Sie zunächst das Pferd vorsichtig an Leine und Schleppleine, es könnte Angst vor der schlängelnden Bewegung haben), später die Freifolge. Ideal ist ein Lernprogramm für Reitbegleithunde, die einige Hundeschulen, aber auch Reitverbände anbieten, wie zum Beispiel die Vereinigung der Freizeitreiter Deutschlands (VFD), die sogar eine Pferdebegleithundprüfung anbieten (→ Infos und Fachliteratur, Seite 188 und 189).

Mitmachen trotz Handicap

Hundesport ist auch für Menschen mit Behinderung eine gute Möglichkeit, sich und ihren Vierbeiner mit Spaß und Bewegung auszulasten.

Das gemeinsame Training macht beiden Spaß: Günter Baumer mit seinem Briard-Rüden Karlos bei der Übung »Verbeugung«, die sie im Obedience-Kurs gelernt haben. Für den Hund ist es keine Frage, wer der Chef ist. Der besonderen Situation seines Herrchens passt er sich wie selbstverständlich an. Seit sechs Jahren besuchen die beiden gemeinsam Kurse an der Hundeschule.

Wenn Karlos mit seinem Herrchen Günter Baumer unterwegs ist, dann sind die beiden nie allein: Weil Günter durch eine Querschnittslähmung seit 20 Jahren auf den Rollstuhl angewiesen ist, wird er stets von einem Helfer begleitet. Insgesamt sechs Assistenten betreuen den 38-Jährigen abwechselnd, bei Spaziergängen beispielsweise oder bei Freizeitaktivitäten. Dennoch weiß Karlos genau: Der Chef ist hier nur einer – und das ist Herrchen Günter. Seit sechs Jahren leben der Briard, ein französischer Hütehund, und Günter Baumer zusammen. Der Software-Entwickler hatte sich bei einem Spaziergang durch den Englischen Garten in München in die Rasse »verguckt« und ließ sich weder von der kompakten Größe (Karlos ist 68 cm groß und wiegt 47 Kilo) noch von der Notwendigkeit, Hütehunde durch genügend Beschäftigung auszulasten, abbringen. Diese und keine andere sollte es sein. Dem Rat des Züchters folgend, suchte sich Günter Baumer einen Welpen aus, dessen Temperament wohl am besten zu ihm und seiner besonderen Situation passen würde. »Karlos war von Anfang an ein sehr besonnener Typ, und das ist er bis heute«.
Dennoch braucht der Hund natürlich viel Bewegung und Beschäftigung, denn ein Hütehund hat hohe Ansprüche an seine Umwelt, die ihm seine eigentliche Aufgabe – das Hüten einer Herde – in der Regel ja nicht bieten kann. Deshalb besuchte Günter von Anfang an die Welpenschule und weitere Erziehungskurse mit Karlos, und entschied sich schließlich auch für einen Hundesport mit seinem großen Briard-Rüden: Einmal die Woche geht es zum Obedience-Kurs. Begleitet werden die beiden auch dorthin von einem der Helfer, der dann Aufgaben übernimmt, die Günter aufgrund seines Handicaps nicht selbst ausführen kann: »Bei mir« oder »Bei Fuß« an der Leine beispielsweise. Doch viele andere Elemente, die in dem Kurs auch trainiert werden, sind kein Problem für Günter, wie zum Beispiel das »Rückwärts gehen«, »Verbeugung«, »Aufräumen«, »Futterbeutel suchen« oder Ähnliches. Zu Hause wird fleißig weitergeübt – derzeit trainieren die beiden gerade Karlos Nase, mit der Übung »Dufttuch suchen«.

Hundetrainerin Anja Mack, die die beiden nun schon seit sechs Jahren begleitet, bescheinigt eine gute Bindung: »Obwohl ja auch andere mit dem Hund arbeiten, ist Günter der Chef für ihn. Das liegt vor allem an der Klarheit und der Konsequenz in Günters Umgang mit Karlos.« Günter Baumer ist sicher, dass der wöchentliche Obedience-Kurs und das Üben daheim eine ideale Möglichkeit ist, seinen Briard auch mental auszulasten.

»Den selbstverständlichen Umgang mit einem Hund und die Teilnahme an dem hundesportlichen Angebot in Hundeschulen und Vereinen sollten viel mehr Menschen mit Handicap nutzen, denn die Intergration ist oft viel weniger schwierig als man meint«, so Günter Baumer. Grundsätzlich sind auch andere Hundesportarten, wie Agility oder Zughundesport denkbar, je nachdem, welche Einschränkungen es zu integrieren gilt. Das Angebot für Handicap-Hundesportler ist allerdings in Deutschland noch nicht gut organisiert. Doch immer mehr Hundeschulen und -vereine bauen mittlerweile sogar gezielte Angebote auf.

Was Günter Baumer wegen seines Handicaps nicht selber ausführen kann – weites Werfen erlauben die Arme nicht –, übernimmt ein Helfer, der bei Spaziergängen und auch beim Obedience-Kurs immer dabei ist. Den Hund verwirrt der Rollenwechsel nicht, denn wer zum »Rudel« gehört und ihm etwas zu sagen hat, bestimmt sein Herrchen. Die gemeinsamen Kurse in der Hundeschule bedeuten für Karlos Auslastung und Erziehung zugleich.

Bitte schön, Aufgabe erledigt: Die vielen Beschäftigungsmöglichkeiten, die Günter Baumer inzwischen mit seinem Hund gelernt hat und aktiv betreibt, haben für eine sehr gute Bindung zwischen den beiden gesorgt. Sie sind zu einem tollen Team zusammengewachsen.

Die richtige Sportart für jeden Hund

Hunde sind Multitalente. Ihre Freude an der Bewegung, am Miteinander und ihre Lernbereitschaft sind die Basis für eine breite Palette unterschiedlichster Sportarten, die für alle etwas bieten – ob klein oder groß, jung oder älter, Rassehund oder Mix. Spaß ist garantiert, wenn Hund und Mensch die richtige Disziplin für sich entdeckt haben, mit nachhaltiger Wirkung über das Training heraus. Denn Sport schweißt zusammen. Das gilt vor allem für den Teamsport, bei dem es darauf ankommt, die Stärken und Schwächen des Mitspielers genau zu kennen – und sich darauf einzustellen. Die Sportarten, die wir auf den folgenden Seiten vorstellen, verlangen immer nach einem Team, das mindestens aus zwei Mitgliedern besteht. Mehrere Hund-Mensch-Teams können auch Mannschaften bilden und miteinander um Punkte und Erfolge ringen. Hundesport, richtig betrieben, fördert beides: Das Zusammengehörigkeitsgefühl zwischen Ihnen und Ihrem Vierbeiner und ein geselliges »Fairplay« in der Gruppe. Was Ihrem Hund liegt, dafür können die Spielideen Hinweise liefern. Liebt er Dynamik, wie beim »Slalom durch die Beine« (→ Seite 56/57), ist vielleicht Agility genau das Richtige. Entpuppt er sich als Nasenprofi (→ Seite, 48/49), dann könnte die Fährtenarbeit oder das Mantrailing »sein Ding« sein. Eine gute Vorbereitung für den Hundesport sind die Spiele allemal.

Spaß steht auch beim Sport **an erster Stelle**

In den letzten 20 Jahren ist auch in Deutschland das Angebot neuer Hundesportarten so stark gewachsen, dass ein umfassender Überblick schwerfällt. Neben dem Turnierhundesport, der eine lange nationale Tradition hat, haben sich mittlerweile zahlreiche Trendsportarten aus aller Welt etabliert oder finden eine stetig wachsende Fan-Gemeinde – wie der »Flyball« (→ Seite 136/137) aus den USA, das »Obedience« (→ Seite 144) aus Großbritannien oder der Zughundesport (→ Seite 156/157) aus der Schweiz und Österreich. Dabei sind die Anforderungen an den körperlichen Einsatz von Mensch und Tier so unterschiedlich, dass auch weniger sportliche Zwei- und Vierbeiner voll auf ihre Kosten kommen. So geht es beim Obedience hauptsächlich um Gehorsamkeitsübungen, die vor allem Konzentration und Kooperation des Vierbeiners erfordern, kombiniert mit einigen wenigen sportlichen Elementen, die einen gesunden Hund nicht überfordern. Den dazugehörigen Menschen schon gar nicht, denn sein Part beschränkt sich auf die durchaus schwierige mentale Aufgabe, dem Hund die erforderlichen Übungen so beizubringen, dass er sie später gern freudig und exakt ausführt. Auch beim Mantrailing (→ Seite 142/143) oder bei der Fährtenarbeit (→ Seite 148/149) geht es in erster Linie darum, dem Hund bei der Ausübung der jeweiligen »Sportart« gekonnt zu assistieren bzw. seine Fähigkeiten so zu fördern, dass er sie gezielt für die ihn gestellten Aufgaben einsetzen kann.

Von Hürdenlauf bis zum Rettungsdienst

Wer es aktiver mag und einen Vierbeiner hat, der die sportlichen Ambitionen von Frauchen oder Herrchen gern mitmacht, entscheidet sich vielleicht für Agility (→ Seite 130-133), für den Turnier-Hundesport (→ Seite 154/155), für den DogDance (→ Seite 140/141) oder das Dog-Frisbee (→ Seite 134/135). Hier sind stets beide Teampartner sportlich aktiv, mal beim Hürdensprung oder Slalomlauf, beim harmonischen Miteinander im Takt der Musik, oder beim rasanten Wurf-, Lauf- und Fangspiel mit der Frisbeescheibe. Das verlangt körperlichen und mentalen Einsatz zugleich: Immer geht es darum, Temperament, Motivation und Geschicklichkeit des Hundes so zu trainieren und richtig einzuschätzen, dass er den jeweiligen Sport spielerisch, motiviert und technisch gekonnt absolviert. Für alle, die das Besondere lieben, bietet der Hundesport entsprechende Nischen. Sie erfordern allerdings nicht selten ein zeitliches und finanzielles Engagement, das über eine reine Freizeitbeschäftigung mit dem Vierbeiner weit hinaus geht. Hier sei beispielhaft der Schlittenhundesport (→ Seite 152/153) genannt und Varianten daraus, die auch ohne ein Hunderudel machbar sind. Zusammengefasst werden sie unter den Begriff »Nordic Style«

EXPERTEN-TIPP

Die Begleithundeprüfung (BH)

Diese Prüfung ist eine Voraussetzung für die Teilnahme an offiziellen Wettkämpfen. Sie wird von Vereinen und Verbänden abgenommen, die dem VDH angehören (→ Adressen, Seite 188). Zunächst wird das Grundwissen des Hundehalters rund um die Hundehaltung überprüft. Bei der praktischen Prüfung absolvieren Halter und Hund im ersten Teil gemeinsam Gehorsamkeitsübungen, im zweiten Teil wird das Verhalten des Hundes im Straßenverkehr und in der Öffentlichkeit geprüft. Das Mindestalter des Hundes beträgt 15 Monate; die Prüfung kann jederzeit wiederholt werden.

und meinen Sportarten wie Pulkaskiing oder Skijöring. Für Besitzer von lauffreudigen Hunden gibt es außerdem das Bikejöring, Scootering oder Canicross (→ Seite 156/157), wobei ein oder zwei lauffreudige Hunde vor das Fahrrad, einen Tretroller oder den Jogger gespannt werden. Schließlich geht der Hundesport noch eine überaus segensreiche Verbindung ein mit dem menschlichen Wunsch zu helfen: Der Rettungshundesport (→ Seite 150/151) verlangt großen körperlichen, mentalen und zeitlichen Einsatz von Mensch und Hund, bietet dafür aber eine höchst abwechslungsreiche und sinnstiftende Beschäftigung mit dem Vierbeiner, die immer mehr Hundebesitzer fasziniert.

Training für gesunden Erfolg

So breit gefächert das Angebot an Hundesportarten ist, beinahe so vielfältig sind die Möglichkeiten, sie zu betreiben. Empfehlenswert ist grundsätzlich eine professionelle Anleitung und regelmäßiges Training. Selbst das gelegentliche Frisbeespiel mit dem Hund ohne größere Ambitionen profitiert von ein paar Trainingsstunden, die neben richtiger Wurftechnik vermitteln, wie Gesundheit und Motivation des Hundes erhalten bleiben. Lernen und Üben kann man das zum Beispiel in einer der vielen Hundeschulen und Hundesportvereinen, die neben Welpenstunden und Erziehungskurse mittlerweile auch viele Sportarten anbieten. In zumeist wöchentlichen Kursen lernt man hier gemeinsam mit dem Hund die richtige Technik und einen vernünftigen Trainingsaufbau. Bei der Auswahl der geeigneten Hundeschule ist Bauchgefühl und eine genaue Beobachtung der Schüler gefragt: Natürlich muss die »Wellenlänge« zwischen Ihnen und dem Trainer oder der Trainerin stimmen, und Mensch und Hund sollten stets motiviert und freudig mitarbeiten. Viele Hundeschulen bieten auch immer mal kleine »Fun«-Turniere an, auf denen man zeigen kann, was man gelernt hat. Hier steht vor allem der Spaß im Vordergrund, nach der Devise »Dabei sein ist alles«.

Turnierambitionen über den Verein

Nicht selten wird dabei bei so manchem Hundehalter der Ehrgeiz geweckt. Dann heißt es zu überlegen, ob mehr draus werden soll, mit der Möglichkeit, an Wettkämpfen mit offiziellem Prüfungs- und Turnierreglement teilzunehmen. Dafür ist die Mitgliedschaft in einem der vielen Hundesportvereine oder -verbände notwendig, die im Dachverband des Hundesports, dem dhv, organisiert sind (→ Adressen, Seite 188). Hier arbeiten Trainer und Trainerinnen nach einer festgelegten Ausbildungsordnung mit ihren zwei- und vierbeinigen Schützlingen und führen sie, bei entsprechenden Ambitionen und Engagement, bis zu

PRAXIS-TIPP

Immer freudig vom Platz gehen

Miteinander sportliche Ziele erreichen, das macht dem Hund durchaus Spaß – wenn der menschliche Ehrgeiz dabei nicht über die Grenzen des Vierbeiners geht. Fehler macht eigentlich immer der Hundehalter, entweder, weil seine eigene Technik (noch) nicht perfekt ist, oder weil er seinen Hund überfordert. Deshalb gehört Selbstkritik und eine genaue Beobachtung des vierbeinigen Teampartners unbedingt zum Hundesport dazu. Wenn der Hund zunehmend unkonzentriert erscheint, sollte das ein Zeichen dafür sein, dass vielleicht eine Trainingspause angesagt ist. Wichtigste Regel überhaupt: Immer freudig vom Platz gehen, auch wenn das Ergebnis mal nicht so toll war. Das hat Ihr vierbeiniger Teampartner in jedem Fall verdient. Ein frustrierter Hund ist nur schwer wieder zu motivieren …

Meisterschaften, die es regional, überregional, auf Landesebene und sogar international gibt. Bei fast allen Turnieren sind Hunde aller Rassen und Mischungen zugelassen (die Agility-Weltmeisterschaft gibt es allerdings nur für Rassehunde). Wichtige Voraussetzung für das Training und eine Turnierteilnahme ist ein Mindestalter des Hundes, zum Beispiel 15 oder 18 Monate für einen ersten Start in der einfachsten Leistungsklasse. Ihr Vierbeiner muss außerdem über alle notwendigen Impfungen verfügen, er muss tätowiert oder gechipt sein, und – das ist eine wichtige Bedingung für eine Turnierteilnahme – Sie müssen mit ihm zuvor die Begleithundeprüfung absolviert haben (→ Experten-Tipp, Seite 127).
Wer sich für diese anspruchsvollere Variante im Hundesport entscheidet, bringt in der Regel deutlich mehr zeitliches Engagement auf als beim eher spaß-orientierten Sporttraining an einer Hundeschule. Mehrmals die Woche wird trainiert und an den Wochenenden geht es häufig auf Turniere, entweder, um selbst teilzunehmen oder aber um zu schauen, wie gut die anderen sind. Die Jagd nach Erfolgen ist jedoch eine rein menschliche Eigenschaft, deshalb sollte das Motto im Hundesport stets »Fairplay vor Ehrgeiz« lauten: Ausschlaggebend für Training und Turnierteilnahme ist die Gesundheit und Verfassung des vierbeinigen Teampartners.
Wie viele Pokale daheim im Regal stehen, ist Ihrem Vierbeiner herzlich egal. Er wünscht sich vor allem Spaß am sportlichen Miteinander und ein Herrchen oder Frauchen, die rundum glücklich und zufrieden mit ihm sind – ohne Leistungsdruck und Siegertreppchen.

Ganz bei der Sache: Voll konzentriert durchläuft der Dalmatiner den Slalom. Das ist gar nicht so einfach, wie es auf den ersten Blick aussieht. Doch der Vierbeiner liebt die sportliche Herausforderung.

Agility für groß und klein

Was trainiert wird: Kondition, Ausdauer, Konzentration, Harmonie und Bindung.

Das brauchen Sie: Spielzeug und/oder Leckerlis für das Training; der Hund sollte Grundgehorsam beherrschen. Für die Teilnahme an Profi-Wettkämpfen ist die Begleithundeprüfung Voraussetzung (→ Seite 127).

Wohl kaum eine andere Hundesportart hat in den letzten Jahren eine solche Begeisterungswelle erfahren wie der Parcours-Lauf für Hund und Mensch. Vielleicht, weil hier so viele Bedürfnisse zugleich erfüllt werden: Der Hund darf laufen und springen und stellt dabei spielerisch seine für uns wohl großartigste Fähigkeit unter Beweis: die enge Kooperation mit seinem Menschen. Zugleich ist er mit anderen Hund-Mensch-Teams zusammen und bekommt, wenn es denn entspannt und fair zugeht, jede Menge Lob und Freude von Herrchen oder Frauchen. Die wiederum erleben eine große Nähe zu ihrem Vierbeiner und trainieren wie nebenbei Gehorsam und Bindung, dürfen sich dabei selbst sportlich betätigen und haben große Herausforderungen zu bewältigen. Von bloßem Zeitvertreib kann bei dieser Kombination aus Körper- und Kopfarbeit nämlich keine Rede sein.

Zwar klingt die Aufgabenstellung zunächst einfach und wirkt auf Agility-Turnieren oft nahezu mühelos: Der Hund muss in bestimmter Reihenfolge – ähnlich wie beim Reitsport – verschiedene Hindernisse überwinden, sein Mensch läuft dabei in der Regel neben ihm her, um ihm die entsprechenden Anweisungen zu geben.

Welches große Geschick und vor allem was für eine enge Zusammenarbeit des Hund-Mensch-Teams dabei erforderlich ist, merkt man jedoch schnell, wenn man es selbst einmal mit seinem Vierbeiner ausprobiert. Beinahe jede Hundeschule und jeder Hundesportverein bietet Gelegenheit für einen Schnupperkurs – aber Vorsicht: »Suchtgefahr«!

Hier kommen auch kleine Vierbeiner ganz groß raus

Mitmachen können fast alle Hunde, weil sich dieser Sport – je nachdem, mit welchem Anspruch man ihn betreibt – der jeweiligen Konstitution von Hund und Mensch sehr gut anpassen lässt. Selbst eine körperliche Behinderung des Vierbeiners muss kein Ausschlusskriterium sein (→ »Hunde mit Handicap«, Seite 158). Auf den Parcours erlebt man dementsprechend Hunde in (fast) allen Dimensionen, denn die Hindernisse gibt es in verschiedenen Größen, oder sie lassen sich entsprechend einstellen, so dass auch kleinste Rassen wie Papillion, Prager Ruttler, Chihuahua etc. oder entsprechende

Tunnel: Wie ein Blitz »schießt« der Sheltie durch den Tunnel. Was hier so mühelos aussieht, ist das Ergebnis einer behutsamen Heranführung und Gewöhnung an das jeweilige Gerät.

Mix-Hunde mitlaufen können, beim »Mini-Agility«. Lediglich sehr schweren Hunden (oder kurzbeinigen mit langem Rücken) fallen die Sprünge und Wendungen, die das Agility ihnen abverlangt, schwer. Lässt man die entsprechenden Hindernisse jedoch einfach aus, kommen auch sie ohne Gefahr für ihre Gesundheit durch den Parcours.
Nicht geeignet ist dieser dynamische Bewegungssport für Hunde mit Erkrankungen des Bewegungsapparats, wie zum Beispiel HD, OCD, Arthrose etc. und Herz-Kreislauf- oder anderen Erkrankungen, die keine Belastung des Organismus erlauben.

Die Tücken des Parcours

Ein typischer Agility-Parcours ist zwischen 100 und 200 Meter lang und besteht aus etwa zehn bis 20 Geräten. Das sind beispielsweise: Hürden oder Doppelhürden und die Mauer (oder Viadukt); diese Hindernisse werden übersprungen. Ein Weitsprung besteht aus mehreren einzelnen Elementen, die im gleichen Abstand zueinander aufgestellt sind und mit einem weiten Sprung genommen werden sollen. Ein Reifen (in der Höhe verstellbar), durch den der Hund hindurchspringt. Ein flexibler Tunnel, den man in einen oder mehreren Bogen legen kann, und ein Tunnel mit einem Sack aus Stoff daran, den der Hund beim Durchlaufen mit seinem Körper anheben muss. Die A-Wand (oder Schrägwand), ein Hindernis in Form eines kleinen Dachs, die der Hund hinauf- und wieder herunterläuft. Eine Wippe, die der Vierbeiner geschickt mittels Körperverlagerung zum Kippen bringt, um wieder herunterlaufen zu können. Ein Laufsteg, ähnlich einem Schwebebalken, über den der Hund balanciert. Ein Tisch, auf den der Hund hinaufspringen und fünf Sekunden verharren muss, bevor er weiter läuft. Und der Slalom, das sind bis zu zwölf Stangen in einem bestimmten Abstand zueinander, die der Hund im Zickzack durchlaufen muss.

Einige Geräte, nämlich der Steg, die A-Wand und die Wippe, haben am Anfang und am Ende eine sogenannte Kontaktzone, die farbig markiert ist. Eine wichtige Regel lautet, dass der Hund die jeweiligen Kontaktzonen beim Auf- und Abgang mit mindestens einer Pfote betreten muss. Eine zweite Regel besagt, dass der Parcours in einer bestimmten Reihenfolge zu durchlaufen ist, also nicht kreuz und quer, so wie es Mensch und Hund gefällt.

Weltmeister auf sechs Beinen

Mit der Forderung, dass Hund und Mensch den Parcours in einer bestimmten Reihenfolge durchlaufen müssen, ist auch schon eine wesentliche Aufgabe des Hundeführers angesprochen. Er muss mit Wort- und Körper-Signalen dafür sorgen, dass der richtige Ablauf klappt, dass sein Vierbeiner die Kontaktzonen berührt; auf dem Tisch die vorgegebene Zeit ausharrt, beim Slalom mit der linken Schulter »einfädelt« und keine Stange auslässt, die Hürden von der richtigen Seite überspringt etc. Jedes Gerät wird anfangs einzeln trainiert, bis der Hund es ohne Angst und fehlerfrei beherrscht. Beim gemeinsamen Lauf durch den Parcours zeigt sich schnell eine weitere Tücke für den Agility-Partner Mensch. Er muss sich stets so positionieren, dass er seinem Hund nicht im Weg steht und mit dem Körper in die richtige Richtung weist – denn zu guter Letzt kommt es neben fehlerfreiem Überwinden aller Hindernisse natürlich auch noch auf das Tempo an.
Nicht selten entwickelt sich aus einem reinen Freizeitvergnügen im Parcours ein ambitionierter Wettkampfsport, mit Turnieren, die bis zur Weltmeisterschaft reichen. Dabei tritt man als Duo oder als Mannschaft gegen andere Hund-Mensch-Teams an. Für vergleichbare Anforderungen und somit Chancengleichheit sorgt eine Einteilung in Größen- und Leistungsklassen. Je nach Widerristhöhe des Hundes, von S(mall – kleiner als 35 cm) über M(edium – 35 bis 43 cm) bis L(arge – ab 43 cm) variiert die Höhe der Hürden (25 bis 35 cm; 35 bis 45 cm; 55 bis 65 cm). Die Leistungsklassen reichen von A 0 (Beginner) bis A 3 für bewährte Profis.
Der Parcours ist anfangs entsprechend einfach und wird dann immer schwieriger und länger aufgebaut. Hinzu kommt noch eine Senioren-Klasse für Hunde ab sechs Jahre und der »Jumping«: Hier entfallen die Kontaktzonengeräte, weil es vor allem auf das Tempo ankommt.
Übrigens: Die »sportlichsten« Hund-Mensch-Teams sind nicht immer die, die stets auf dem Siegertreppchen landen, sondern jene, die das Motto »Dabei sein ist alles« verinnerlicht haben. Auch beim Kampf um Pokale sollte der Spaß an der Gemeinsamkeit und die Gesundheit des Teampartners Hund immer im Vordergrund stehen.

PRAXIS-TIPP

»Agility-Parcours« im Garten

Mit einfachen Mitteln können Sie auch im Garten einen kleinen »Hindernis-Parcours« gestalten. Ein Besenstiel über zwei niedrige Hocker oder durch zwei Getränkekisten hindurchgelegt, ergeben zum Beispiel eine Hürde zum Darüberspringen (lieber zu niedrig als zu hoch). Aus ein paar Stecken entsteht eine Slalomstrecke, wenn sie mit entsprechendem Abstand in den Boden gesteckt werden. Stofftunnel zum Hindurchlaufen finden Sie in vielen Variationen im Fachhandel. Ein »Schwebebalken« aus zwei massiven umgedrehten Kisten und einem Schalungsbrett aus Holz trainiert den Gleichgewichtssinn und die Geschicklichkeit Ihres Hundes. Vielleicht haben Sie noch irgendwo einen alten Gummireifen, der rechts und links mit einem Seil an einem Ast befestigt werden kann. So ergibt sich ein prima Übungsgerät, um die Springfreude Ihres Vierbeiners zu testen. Wichtig: Fixieren Sie alles sicher, fest und nie zu hoch.

1. Die Wippe: Agility eignet sich für jede Hundegröße. Ein Dackel läuft in der Klasse S für »small« (bis 35 cm Schulterhöhe). Die Hindernisse sind für ihn niedriger eingestellt als in den beiden anderen Klassen »M(edium)« und »L(arge)«.

2. Die Schrägwand: Bei den Kontaktzonengeräten lautet eine wichtige Regel, dass die rot markierte Fläche am Anfang und am Ende mit mindestens einer Pfote berührt werden muss.

3. Slalom: Spektakulär und ganz schön trainingsintensiv. Bevor ein Hund den Slalom so geschickt im Zickzack-Lauf nimmt, bedarf es viel Übung.

4. Hindernis überspringen: Agility als Wettkampfsport ist nur etwas für kerngesunde Hunde. Deshalb ist eine vorherige gründliche Untersuchung beim Tierarzt Pflicht, ebenso die Begleithundeprüfung.

Dog-Frisbee – ein Sport mit Showcharakter

Was trainiert wird: Konzentration, Koordination und Ausdauer.

Das brauchen Sie: Gute Beweglichkeit und Kondition, spezielle, für den Hund geeignete, Frisbee-Scheiben. Für Profi-Sportler gibt es Schutzwesten (bei Absprüngen vom Oberkörper).

Dieser spektakuläre Sport ist immer für eine Show-Einlage gut: In ein- oder zweiminütigen Runden zeigen Mensch und Hund ihr Können.
Verschiedene Disziplinen kommen dabei zum Einsatz: In der sogenannten »Mini Distance« geht es vor allem um Zeit: Innerhalb von 60 oder 90 Sekunden (je nach Reglement) muss der Hund versuchen, so viele Scheibenwürfe seines menschlichen Partners wie möglich zu fangen. Geworfen wird auf einem 20 x 50 m großem Feld, das eine Abwurflinie und verschiedene Wurfzonen hat. Der Werfer steht an der Abwurflinie und hat nur eine einzige Frisbee-Scheibe zur Verfügung. Der Hund muss sie nach jedem Wurf zu ihm zurückbringen. Tut er das nicht, darf der Werfer auf das Spielfeld, um die Scheibe zu holen. Das bedeutet natürlich Zeitverlust. Punkte gibt es für jede gefangene Scheibe, abhängig von der Wurfdistanz (maximal 50 m). Bei der »Long Distance« geht es nicht um Tempo, sondern um die Wurflänge: Jedes Mensch-Hund-Team hat drei Würfe von einer Startlinie aus. Gewonnen hat der weiteste vom Hund gefangene Wurf.
Beim »Free Style« spielen nicht nur Tempo und Wurflänge eine Rolle, sondern noch viele weitere Elemente, die diese Variante zur spektakulärsten Disziplin machen. Hier dürfen Mensch und Hund kreativ werden: Zu einer selbst ausgesuchten Musik zeigen sie innerhalb von zwei Minuten in einer selbst erdachten Reihenfolge eine Kombination von Wurftechniken und Tricks, die von beiden Teampartnern Geschick und Kondition verlangen. Für den Show-Charakter dieser Choreografie sorgen oftmals eine besondere Kostümierung des Werfers und zirkusreife Akrobatik von Hund und Mensch. Zum Beispiel, wenn der Hund einer Scheibe hinterherhechtet, die sein Partner auf dem Rücken liegend durch die gegrätschten Beine geworfen hat, oder wenn dem Hund als Absprungrampe den Körper des Werfers dient. Dafür kann sich der Werfer sogar mit einer Schutzweste ausrüsten, um Kratzspuren der Hundekrallen zu vermeiden.

Hoher Anspruch

Für das Dog-Frisbee (Disc Dogging) brauchen Mensch und Hund gleichermaßen eine gute Kondition und sportliches Geschick. Geeignet sind deshalb nur ausgewachsene Hunde, die völlig gesund sind.

Hundehalter sollten ihren Hund für diese Sportart in jedem Fall zuvor gründlich von einem Tierarzt untersuchen lassen (→ Seite 166). Grundsätzlich kann jeder Hund ein »Frisbee Dog« werden, wenn er genügend Motivation und die notwendige Fitness mitbringt. Es ist die Kunst des menschlichen Teampartners, seine Würfe und Sprungkombinationen sensibel auf Größe und Können seines Hundes abzustimmen. Die Sportart erfordert also nicht nur körperliche Kondition, sondern auch Köpfchen. Mittlerweile gibt es auch in Deutschland immer mehr Anhänger dieses schnellen Sports, den man in Workshops und Seminaren trainieren kann (→ Adressen, Seite 188). Denn genaue Kenntnisse und ein vernünftiger Trainingsaufbau sind wichtige Grundlagen, um diesen Sport verantwortungsbewusst auszuüben.

PRAXIS-TIPP

Frisbee als Freizeitspaß

Auch ohne Turnierambitionen macht Frisbee mit Hund Spaß – wenn man einige Regeln beachtet: Herkömmliche Frisbee-Scheiben eignen sich nicht für das Spiel mit dem Hund. Sie sind meist zu hart und können splittern. Im Fachhandel gibt es spezielle Hunde-Frisbee-Scheiben. Typischer Anfängerfehler: Sie werfen dem Hund die Scheibe frontal zu. Dabei ist aber die Verletzungsgefahr viel zu groß. Richtig: Die Scheibe wird vom Hund weggeworfen, anfangs sehr flach und in kurzen Distanzen. Nur zweimal täglich fünf Minuten trainieren wie Leistungssportler Jochen Schleicher. Er brachte das Dog-Frisbee Mitte der Neunzigerjahre nach Europa. Sein Tipp: »Aufhören, wenn's am schönsten ist und die Scheibe dann wieder weglegen. So bleibt das Spiel spannend für den Hund.«

1. Richtig werfen: Profis beherrschen verschiedene Wurftechniken. Die wichtigste Regel: Niemals frontal auf den Hund zu werfen. Angefangen wird mit kleinen Distanzen. Länge und Höhe allmählich steigern.

2. Frisbee-Meister: Solche spektakulären Sprünge sind nur etwas für völlig gesunde und gut trainierte »Disc-Dogs«. Spezielle Hunde-Frisbees gehören auch beim Freizeitsport zum Fairplay .

Flyball – ein Ballspiel für Könner

Was trainiert wird: Kondition und Ausdauer, Apportierfreude und Disziplin.

Das brauchen Sie: Jede Menge Bälle, die natürlich in der Größe und Beschaffenheit optimal zu dem vierbeinigen Flyballer passen sollten.

Auch dieser schnelle Hundesport stammt aus den USA, genauer aus Kalifornien, wo ein engagierter Hundebesitzer eigens eine Ballmaschine entwarf, um seinen arbeitsfreudigen Hund genügend zu beschäftigen. Trat der Hund mit seinen Pfoten auf ein Pedal, flog aus der Kiste ein Ball etwa drei Meter hoch heraus, den der Hund dann fangen musste. Schnell begeisterte dieses Vergnügen weitere Hundebesitzer, die Hundesportart Flyball war geboren. Seitdem hat sich vieles an Technik und Reglement geändert, eines ist geblieben: Im Vordergrund steht der Spaß für den Hund, der hier seinen Bewegungsdrang und seine Apportierfreude voll ausleben darf. Womit auch gleich ein wichtiger Irrtum angesprochen ist: Nicht etwa »ballverrückte« Hunde sind genau die richtigen Kandidaten für diesen Lauf- und Springsport, sondern jene, die den Ball auch wieder verlässlich abgeben, also »apportieren«.

Mannschaftssport mit aktiven Hunden

Dem Teampartner Mensch fällt bei der ganzen Angelegenheit übrigens ein durchaus komfortabler Part zu: Er ist in der Hauptsache als Trainer und Coach gefragt, weniger als »Mitläufer«, wie etwa beim Agility (→ Seite 130) oder gar als »Akrobat« wie beim beim Dog-Frisbee (Seite 133/134). Deshalb steht hier weniger die Kondition des Hundehalters im Vordergrund, sondern vielmehr die Eignung, Fitness und Kooperationsbereitschaft des Hundes. Dessen sportlicher Auftrag sieht so aus: Ohne Hilfe von Herrchen oder Frauchen muss der Hund über vier Hürden springen, den Auslösemechanismus an der Flyballbox betätigen, den herausfliegenden Ball mit der Schnauze auffangen und ihn über die vier Hürden wieder an die Start-/Ziellinie zurückbringen. Im Gegensatz zu den Anfängen des Flyballs fliegt der Ball heute nicht mehr in die Höhe, sondern in die Weite, so dass dem Hund keine hohen Sprünge abverlangt werden.

Klare Regeln für Fairplay

Wettkampfmäßig wird Flyball heute als Mannschaftssport betrieben. Dabei treten immer vier Hund-Mensch-Teams auf zwei nebeneinanderliegenden Flyball-Parcours gegeneinander an. Ein klares Reglement sorgt für faire Spielbedingungen. Die Höhe der Hürden (mindestens 20 cm, dagegen

1. Auslöser betätigen: Ob mit oder ohne Wettkampfambitionen: Immer mehr Hundeschulen und -vereine bieten heute Flyball an. Die französische Schäferhündin Amy trainiert ihren Einsatz an der Flyballbox.

2. Ball fliegt: Mit den beiden Vorderpfoten betätigt sie einen Pedalmechanismus, der einen Ball herausschleudert. Ihre Aufgabe ist es nun, den Ball geschickt mit der Schnauze aufzufangen.

maximal 40 cm) beispielsweise richtet sich nach dem kleinsten Hund pro Mannschaft. Außerdem müssen die Mannschaften eine Art »Bestzeit« angeben, dementsprechend werden sie in verschiedene Leistungsstufen eingeteilt. Unterschreitet eine Mannschaft diese Referenzzeit um mindestens eine halbe Sekunde, wird der Lauf nicht gewertet. Damit wird verhindert, dass sich eine schnelle Mannschaft nicht absichtlich langsamer einstuft, um in einer niedrigeren Leistungsklasse Pokale abzuräumen. So einfach diese Sportart aussieht, verlangt sie von dem Hund doch eine Menge Disziplin und Kooperationsbereitschaft. Und vom Halter die Fähigkeit, seinen Hund zu motivieren und dessen Ausdauer und Fitness richtig einzuschätzen. Für Spieler mit Wettkampfambitionen ist auch hier natürlich wieder ein gründlicher vorheriger Gesundheits-Check in der Tierarztpraxis ein Muss.

3. Ball fangen: Mit dem Ball in der Schnauze muss sie nun an die Start-/Ziellinie zurückkehren. Dabei hat sie vier Hürden zu überspringen. Diesen Ablauf einzuhalten ist für viele Hunde nicht einfach.

Motivation ist alles!

»Auf die Plätze, fertig, los!« In die nächste Spiel- oder Sportrunde startet Ihr Vierbeiner hoch motiviert, wenn Sie ihn mit ein paar kleinen Tricks in die richtige Stimmung bringen. Und dann ist seine Begeisterung meist grenzenlos ...

1 **Spannendes Start-Signal:** Wenn Sie mit Ihrem Hund eine Sportart trainieren, überlegen Sie sich ein aufmunterndes Signal für den Beginn jeder Runde. Ein kurzes, knappes »Auf geht's!» oder »Jetzt geht's los!» signalisiert dem Hund, dass jetzt Action angesagt ist. Sie müssen das Signal nicht einmal laut rufen, doch es sollte immer gleich und richtig motivierend klingen – das macht die Sache für Ihren Hund spannend und hilft ihm, sich voll auf Sie und den Parcours zu konzentrieren.

2 **Ein Spielchen zwischendurch:** Die Wartezeit vor der nächsten Runde können Sie prima nutzen, um Ihren Teampartner so richtig munter zu machen. Nehmen Sie sein Lieblingsspielzeug mit und werfen Sie es ein paar Mal, bauen Sie ein kleines Zerrspiel ein – und variieren Sie die kleine Spielrunde immer wieder! Das erzeugt höchste Spannung beim Hund und mobilisiert seine Aufmerksamkeit.

3 **Fünf-Sterne-Belohnung:** Wenn Ihr Vierbeiner weiß, dass Sie für die Spiel- oder Sportzeit mit ihm immer ganz besondere Leckerlis dabeihaben, wird er garantiert begeisterter bei der Sache sein, als wenn »nur« das übliche Trockenfutter dabei herausspringt. Bestimmt wissen Sie, worauf Ihr Hund ganz besonders steht, z. B. Käsehäppchen oder getrockneten Pansen, Lunge oder Fleisch. Oder versuchen Sie sich doch mal als »Sterne-Koch«: zum Beispiel mit einem festen Pfannkuchen mit durch den Fleischwolf gedrehter Leber oder Pansen. Den kann man prima in kleine Stücke schneiden.

4 **Immer bei der Sache:** Wenn Sie Ihren Hund zum Beispiel auf die Futterbeutel-Suche schicken (→ Seite 38) und sich – während er das Feld absuchen soll – angeregt mit einem anderen Hundebesitzer unterhalten, spürt Ihr Hund, dass Sie nicht »bei ihm« sind. Das ist nicht motivierend! Bleiben Sie mit Ihrer Aufmerksamkeit immer bei der gemeinsamen Tätigkeit. Dann erkennen Sie rechtzeitig, wann die Stimmung Ihres Vierbeiners auf dem Spaßbarometer sinkt. Je nach Dauer der Spiel- oder Sportrunde beenden Sie sie dann mit einem kleinen Erfolgserlebnis oder legen ein Motivationsspiel ein.

5 **Für Spannung sorgen:** Hunde reagieren instinktiv auf Bewegung. Nutzen Sie das, indem Sie sich für Ihren Vierbeiner interessant machen. Soll er etwas zu Ihnen zurückbringen, trennt sich aber nur schwer von seiner Beute, gehen Sie rückwärts, während Sie ihn zu sich rufen. Hüpfen Sie hin und her oder laufen Sie ein Stück von ihm weg. Wollen Sie seine Aufmerksamkeit auf einen bestimmten Gegenstand lenken, nehmen Sie ihn in die Hand, beschäftigen Sie sich freudig damit und schon ist das Objekt auch für den Hund begehrenswert.

6 **Aufhören, wenn's am schönsten ist:** Zu viele Wiederholungen sind ein echter Motivationskiller. Beenden Sie eine Übung oder einen Spielschritt so rechtzeitig, dass bei Ihrem vierbeinigen Teampartner gar nicht erst Unlust aufkommen kann. Lieber öfter mal kurz mit viel Spaß trainieren bringt mehr als lange Lektionen, die Ihren Hund überfordern.

Dog **Dance** – Tanz mit dem Hund

Was trainiert wird: Beweglichkeit, Konzentration und Kooperation.

Das brauchen Sie: Musik, Clicker, Target Stick (→ Seite 40 und 64), Requisiten wie Hut oder Tuch; für Aufführungen Tanzkleidung oder Kostüm.

Mit diesem Trendsport sind Sie das ganze Jahr über unabhängig von Wind und Wetter: Denn trainieren können Sie mit Ihrem Vierbeiner auf einer Wiese ebenso wie auch im Wohnzimmer. Und Sie bestimmen jederzeit selbst, welche Übungselemente Sie einstudieren möchten, denn beim Dog Dance heißt es: Freie Fahrt für Ihre Fantasie!

So vielseitig wie kaum ein anderer Sport

Die gemeinsame Bewegung im Takt musikalischer Klänge ist grundsätzlich für jeden Hund geeignet. Selbst ältere Vierbeiner oder solche mit gesundheitlichen Einschränkungen können mitmachen, weil sich das Programm genau auf ihre Fähigkeiten zuschneiden lässt. Beim Dog Dance steht die Freude an der gemeinsamen Bewegung im Vordergrund, jedoch wird auch dieser Hundesport mit viel Beachtung auf Turnieren ausgetragen. Was dann bei Richtern und Publikum zählt, sind Kreativität und ein harmonisches Miteinander. Zu einem Musikstück präsentieren Mensch und Hund eine Reihe einstudierter Bewegungsabläufe und Kunststücke, die ihre Wurzeln häufig in der Hundedisziplin »Obedience« (→ Seite 144/145) haben. Daraus hat sich Dog Dance, sozusagen als Freistil-Variante, entwickelt.

Mit Tricks und Requisiten

Trainiert wird zunächst jedes Übungselement einzeln, zum Beispiel mit Clicker oder Targetstick (→ Seite 40 und 64). Das Ziehen und Zerren des Hundes, um ihn in eine bestimmte Position zu bringen, ist wie grundsätzlich im Hundesport auch hier tabu. Klassische Elemente im Dog Dance sind zum Beispiel der Slalom durch die Beine (→ Seite 82/83), Sprünge über Beine oder durch die Arme (→ Seite 74/75), Pfotentricks, Rückwärtslaufen, Fußpositionen, »Twist« (→ Seite 80/81) etc. und die Arbeit mit Requisiten. Auch dabei sind der Kreativität keine Grenzen gesetzt, solange der Vierbeiner nicht gefährdet oder überfordert wird. Denkbar sind zum Beispiel Tricks mit Hut, Tuch oder Tasche, die zur Kostümierung des menschlichen Tanzpartners passen. Eine »Choreografie« ist schließlich die Kombination aller trainierten Elemente, Fußarbeit (»Heelwork«) und Tricks, die der Hund auf Wort- und/oder Körper-Signal des Tänzers bzw. der Tänzerin im Takt der Musik ausführt.

1. Kür mit Kostüm: Punkte gibt es von den Turnierrichtern in den zwei Disziplinen »Freestyle Dog Dancing« und »Heelwork to music«. Bewertet werden beispielsweise die Anzahl der Figuren, die harmonische Ausführung, die Motivation des Hundes und natürlich die Kreativität der Choreografie.

2. Training jederzeit: Ob drinnen oder draußen, die einzelnen Elemente des Dog Dance kann man jederzeit mit seinem Hund üben.

3. Für jung und alt: Viele Jugendliche mögen das fantasievolle Training. Für sie gibt es spezielle Kurse. Aber auch reifere Hundehalter »tanzen« gern mit.

»Mantrailing« – Person gesucht!

Was trainiert wird: Geruchssinn, Konzentration, Kooperation und Disziplin.

Das brauchen Sie: Suchgeschirr, Spezialleine, Versteckpersonen und deren Geruchsstoff Belohnung (entweder ein Spiel und/oder Leckerlis), Wäscheklammern oder bunte Bindfäden zum Markieren.

Bei keiner anderen Disziplin im Umgang mit dem Hund zeigt sich seine sagenhafte Nasenleistung so eindrucksvoll wie bei der Personensuche, dem »Mantrailing«. Dem Hund wird beigebracht, dem »Individualgeruch« einer Person zu folgen, und nicht nur, wie bei der Fährtenarbeit, seiner Spur, die er am Boden hinterlassen hat (→ Seite 48/49). Eine Individualspur, die so einzigartig ist wie ein Fingerabdruck, kann von gut ausgebildeten Hunden auch nach Tagen noch wahrgenommen werden, und zwar nicht nur in Feld und Wald, sondern auch auf Asphalt, in Ortschaften, in Gebäuden etc. – und das über viele Kilometer hinweg. Das Training für diese Fähigkeit ist entsprechend aufwendig. Eine Belohnung für die Mühe und das oft jahrelange Training kann für Hund und Halter ein Einsatz im Ernstfall sein. Ausgebildete Mantrailer werden von der Polizei und von Rettungsdiensten immer öfter für das Auffinden von vermissten Personen eingesetzt. Eine einheitliche Prüfungsordnung für das Mantrailing gibt es in Deutschland noch nicht. Dennoch bieten Ausbildungsinstitutionen, zum Beispiel Rettungsdienste, eigene Leistungsprüfungen für das Mantrailing an.

Hohe Anforderungen

Doch auch wer Mantrailing ausschließlich hundesportlich betreiben möchte, hat dazu bei immer mehr Vereinen und Hundeschulen die Möglichkeit. Das Training verlangt nicht nur vom Hund einen hohen Einsatz in puncto Konzentration und Disziplin. Um dem Hund das »Trailen« beizubringen und ihm schließlich dabei so zu folgen (was immer an Spezialgeschirr und Leine geschieht), dass der Hund nicht gestört wird, muss der Hundehalter den Umgang mit der meterlangen Leine beherrschen und die Körpersprache seines Vierbeiners exzellent interpretieren können. Bei einem professionellen Einsatz erhält der Hund einen »Geruchsstoff« der zu suchenden Person vor die Nase, zum Beispiel eine Socke. Dann nimmt er die Spur selbstständig auf und folgt diesem »Trail«. Dabei hat er seine Nase nicht nur am Boden (wie bei der Fährtenarbeit), sondern steckt seine Nase auch in die Luft, um den gesuchten Individualgeruch zu wittern. Mantrailing ist für Hund und Halter ein anspruchsvolles Beschäftigungsprogramm.

1. Hoch konzentriert: Mantrailing ist ein Hundesport, der Mensch und Tier zusammenschweißt. Denn für das Ziel – die gesuchte Person zu finden – ist enge Teamarbeit unbedingte Voraussetzung.

2. Der Geruchsspur folgen: Die Kunst des Halters liegt beim Mantrailing darin, die Körpersprache seines Hundes richtig zu interpretieren und ihn beim Folgen der Spur nicht zu behindern.

3. Toller Erfolg: Hat der Hund die gesuchte Person gefunden, wird er fürstlich belohnt, entweder mit einem Spiel oder mit einer köstlichen Leckerei. Später lernt er, die Person richtig »anzuzeigen«, zum Beispiel, indem er sich hinsetzt.

»Obedience« – eine Sportart mit viel Disziplin

Was trainiert wird: Konzentration, Kooperation, Disziplin und Körperbeherrschung.

Das brauchen Sie: Leine, Clicker, Target Stick (→ Seite 40 und 64), Leckerlis und Spielzeug als Belohnung, für das Profi-Training zum Beispiel Pylonen, Bringholz, eine Hürde.

Das Wort »Obedience« bedeutet übersetzt »Gehorsam« und vermittelt damit kaum, wie vielseitig und anspruchsvoll diese Beschäftigungsmöglichkeit mit dem Hund ist. Wie Agility (→ Seite 130/131) stammt Obedience aus England, wo dieser Hundesport weitverbreitet ist und auf zahlreichen Turnieren ausgetragen wird. Auch in Deutschland erfreut sich Obedience als Turniersport wachsender Begeisterung; seit einigen Jahren gibt es eine eigene Prüfungsordnung.
Doch die einzelnen Trainingselemente eignen sich nicht nur für Wettkämpfe, sondern sind geradezu ideal als tägliche Beschäftigungsmöglichkeit, und zwar drinnen wie draußen, das ganze Jahr über.

Dabei ist oberstes Gebot wie bei allen in diesem Buch vorgestellten Beschäftigungsmöglichkeiten: Der Hund wird nur durch positive Bestärkung und niemals durch Anfassen, Schieben, Ziehen oder gar Strafen dazu gebracht, mit seinem Menschen zu kooperieren.

Disziplin ohne jeden Drill

Beim Obedience zeigen Hund und Halter unterschiedliche Gehorsamkeitsübungen in perfekter Harmonie, das heißt, sie sollen vom Hund schnell, exakt und freudvoll ausgeführt werden. Wesentliche Trainingselemente der einzelnen Übungen klingen zunächst eher unspektakulär: Bei-Fuß-Gehen und Vorausschicken, Bleib-Übungen, Abrufen, Apportieren, Distanzkontrolle, Geruchsidentifikation, Wesensfestigkeit, Sozialverhalten gegenüber anderen Hunden und Menschen. Doch was die Hund-Mensch-Teams daraus machen, ist fesselnd und bringt das Publikum immer wieder zum Staunen, vor allem, weil Obedience ein sehr »leiser« Hundesport ist: Die Signale werden ruhig und mit feinsten Gesten gegeben.
Ein klassisches Aufgabenelement ist zum Beispiel das Viereck. Dafür wird eine Fläche, beispielsweise 8 x 8 m, mit vier Pylonenen markiert. Der Hund wird in der Mitte des Vierecks abgelegt, neben ihm liegt seine Leine. Nun verlässt sein Obedience-Partner das Viereck und stellt sich in einer Entfernung von 15 bis 20 Metern auf. Dann ruft er seinen Hund zu sich in den »Vorsitz«. Doch damit ist die Aufgabe noch nicht beendet: Nun schickt er den Hund zurück in das Viereck, wo er sich maximal

Weitersagen: Ein so genannter Ring-Steward gibt während einer Prüfung vor, was der Hundehalter seinem Vierbeiner signalisieren soll – hier ein »Sitz« aus Distanz.

EXPERTEN-TIPP

Frühe Erfolge

Schon mit Welpen kann man kleine Übungen trainieren, und ab 15 Monaten darf der Junghund an der »Beginner-Klasse« der VDH-Prüfungsordnung teilnehmen. Sie umfasst die folgenden Übungen: 1. Verhalten gegenüber anderen Hunden, 2. Stehen und Betasten, 3. Gebiss zeigen, 4. Ablage in der Gruppe, 5. Leinenführigkeit, 6. Freifolge, 7. Sitz aus der Bewegung, 8. Kommen auf Befehl, 9. Zurücksenden zum Platz, 10. Bringen und 11. Umgang Mensch Hund. Der Aufstieg in die nächsthöhere Klasse ist nur möglich, wenn man in der vorherigen Klasse eine bestimmte Punktzahl erreicht hat; man kann in einer Klasse jedoch so oft antreten, wie man möchte. In den folgenden Klassen wird die Dauer gesteigert, schwierigere Aufgaben kommen hinzu.

50 Zentimeter von der Leine entfernt ins »Platz« legen soll. Der Schwierigkeitsgrad dieser Übung variiert je nach Leistungsklasse. Perfektion spielt bei Obedience also eine große Rolle. Doch die lässt sich durchaus spielerisch erlernen, denn selbstverständlich steht auch bei diesem Hundesport die Freude an der Beschäftigung miteinander im Vordergrund. Und natürlich gehört beim Training auch das Belohnen dazu, mit Leckerlis und mit Spiel (→ »Fit für die Prüfung«, Seite 146). Trainiert wird beim Obedience häufig mit Clicker und mit Targetstick (→ Seite 40/64).

Auch mit Handicap

Besonders vielseitig ist Obedience auch deshalb, weil es sich tatsächlich für jeden Hund eignet. Auch gewisse gesundheitliche Einschränkungen müssen kein Hinderungsgrund sein. Und weil hier nicht, wie beim Agility oder beim Dog Dance, die Bewegungen des Hundes vom Menschen begleitet werden müssen, ist der Mensch weniger körperlich gefordert, sondern es ist mehr »Kopfarbeit« gefragt, für einen vernünftigen Trainingsaufbau zum Beispiel. Bei Turnieren trifft man deshalb durchaus auch auf reifere Teilnehmer und auch auf Menschen mit Handicap; auch vom Rollstuhl aus lässt sich Obedience ausüben (→ Seite 124).

Für jeden Anspruch etwas

Wer Obedience-Profis bei einem Turnier zuschaut, kann fast den Eindruck gewinnen, der Hund sei »ferngesteuert« – so exakt und prompt führt er die Signale aus. Und doch sind die Hunde hoch motiviert und tollen ausgelassen mit ihren Besitzern, wenn es zum Schluss einer Runde zum Beispiel ein freies Spiel als Belohnung gibt.
Wer einmal ausprobieren möchte, ob ihm und seinem vierbeinigen Partner so viel Präzision liegt, hat dazu bei vielen Hundesportvereinen und Hundeschulen Gelegenheit. Dabei unterscheiden sich die Trainings oft sehr voneinander. Mal ist es spielerischer, mal orientiert es sich enger am Turnierreglement. In vielen Hundeschulen ist das Obedience-Training eine Mischung aus Alltagsübungen, die man im Straßenverkehr, in der U-Bahn, im täglichen Umgang mit den Mitmenschen, gut gebrauchen kann, wie zum Beispiel »Bleib« oder »Stopp« aus der Bewegung, »Parken« zwischen den Beinen des Menschen oder das »Rückwärts gehen« (→ Seite 78/79). Aber auch Spiele und Tricks werden trainiert, zum Beispiel das »Umrunden« (→ Seite 53/54) oder das »High Five« (→ Seite 69/70). Wer Freude daran hat, mit seinem Hund Schritt für Schritt Übungen aufzubauen (und sie auch im Alltag zu trainieren), erzielt hier recht schnell Erfolge und hat eine ideale Beschäftigung gefunden, die so abwechslungsreich ist, dass man sie bis ins hohe Hundealter ausüben kann. Wenn Sie mit Ihrem Hund regelmäßig Obedience-Elemente üben, machen Sie aus Ihrem Vierbeiner nebenbei einen guten Teampartner und Sie werden selbst einer: Denn das genaue Beobachten des Hundes, das richtige Interpretieren seiner Körpersprache und das Eingehen auf seine speziellen Fähigkeiten sind wesentlich für die gewünschte »Harmonie«.

PRAXIS-TIPP

Fit für die Prüfung

Es gibt Offene Obedience-Wettbewerbe, an denen jedes Hund-Mensch-Team teilnehmen kann, ganz gleich also, welches Alter, welche Größe, welche Rasse der Hund hat. Der VDH (Verband des Deutschen Hundewesens) veranstaltet außerdem Qualifikations-Obedience-Wettbewerbe nach einer Prüfungsordnung, die eingeteilt ist in eine Beginner-Klasse, Klasse 1, Klasse 2 und Klasse 3. Die Klasse 3 entspricht der internationalen Obedience-Klasse des FCI (Weltorganisation der Kynologie). Wenn Sie das »Fieber« gepackt hat und Sie mehr Zeit investieren können als die wöchentliche Stunde in der Hundeschule, suchen Sie sich am besten einen Verein, der gezieltes Obedience-Training für die Teilnahme an Prüfungen anbietet. Was Sie vorab wissen sollten: An den Offenen- und an den Qualifikations-Obedience-Wettbewerben kann man nur teilnehmen, wenn man einem VDH-Mitgliedsverein angehört und zuvor die Begleithundeprüfung des VDH abgelegt hat (→ VDH, Seite 188). Außerdem muss der Hund natürlich ordnungsgemäß geimpft und gechipt oder tätowiert sein. Für eine Teilnahme an der Beginner-Klasse und Klasse 1 muss der Hund mindestens 15 Monate alt sein, für Klasse 2 16 Monate, und für Klasse 3 17 Monate. Bei einer Obedience-Prüfung werden den Teilnehmern alle Übungen von einem »Ring-Steward« angesagt. Während einer Prüfung darf der Hund weder mit Futter noch mit einem Spielzeug belohnt werden (also erst nach Abschluss der gesamten Aufgabenstellung, außerhalb des Obedience-Rings).

1. Bitte schön: Vorsitz mit Apportel aus Metall, das ist eine Übung für Fortgeschrittene. Dabei gibt es klare Regelungen dafür, wie der Hund das Apportel zu tragen hat (mittig), dass er nicht darauf herumkauen darf und dass er es erst auf entsprechendes Signal hin »Aus« gibt.

2. Abwarten: Die vier Pylonen markieren ein Viereck, das bei Obedience-Prüfungen häufig zum Einsatz kommt. Hier hat der Ring-Steward vorgegeben, dass der Hund an einer bestimmten Markierung aus der Bewegung heraus im »Steh« zu verweilen hat.

3. Hin und zurück: Während Frauchen das Apportel hinter die Hürde legt, muss der Hund am Platz ausharren. Erst wenn Frauchen wieder bei ihm ist und Signal gibt, muss er es zügig – mit einem Hin- und einem Zurücksprung über die Hürde – apportieren.

4. Höchste Konzentration: Übungen auf Distanz sind sehr anspruchsvoll für Hund und Halter. Dieser Hund wurde mittig in einer »Box« platziert. Auf Abruf muss er sich vor Frauchen hinsetzen und sich dann wieder zurück in die Box senden lassen.

Fährtenarbeit für anspruchsvolle »Spürnasen«

Was trainiert wird: Geruchssinn und Konzentration (→ »Schnüffelspur« Seite 48/49).

Das brauchen Sie: Brustgeschirr, Leine, verschiedene Gegenstände für die Fährte, Markierungen für die Fährte, Leckerlis.

Ein Hund, der seiner Nase folgen darf, ist voll in seinem Element. Gönnen Sie ihm diesen Spaß, indem Sie eine tolle Beschäftigung für Sie beide daraus machen. Beeindruckend ist die Arbeit mit einem Fährtenhund vor allem deshalb, weil er – mit etwas Übung – einer für uns unsichtbaren Spur folgt. Das macht es aber zugleich schwierig, ihn bei dieser »unsichtbaren« Arbeit richtig zu führen. Fehler können ihn unnötig verwirren. Deshalb hier ein paar grundlegende Tipps für die Fährtenarbeit.

Rituale schaffen

Ideal ist ein speziell für die Fährtenarbeit reserviertes Brustgeschirr. Es stört den Hund beim Spurlesen nicht an der empfindlichen Halspartie und verteilt den Druck besser auf den Brustkorb. Wenn man das Brustgeschirr jedes Mal kurz vor der Fährtenarbeit anlegt, signalisiert es dem Hund außerdem, um was es nun gleich gehen wird. Ein zweites Ritual ist ein Wortsignal, das Sie nur für die Fährtenarbeit verwenden, beispielsweise »Spur« oder »Fährte«.

Eine Winkelfährte legen

Wenn Sie mit Ihrem Hund drei, vier Mal eine einfache Fährte trainiert haben (sieben bis zehn Meter, nur geradeaus, → »Schnüffelspur« Seite 48/49) und Sie das Gefühl haben, Ihr Vierbeiner hat das Prinzip verstanden, können Sie anspruchsvoller werden. Beispielsweise, indem Sie Winkel in die Fährte einbauen, also nach links oder rechts abbiegen – anfangs nur einen Winkel, später auch mehrere.
Was Sie dabei beachten sollten: Um die Abbiegung noch zu erkennen, wenn Sie dem Hund beim Fährtenlesen folgen, sollten Sie sich den jeweiligen Winkel markieren. Stecken Sie dazu beispielsweise ein kleines Stöckchen in den Boden, etwa 30 Zentimeter vom Winkelpunkt entfernt aber so, dass der Hund es nicht wahrnimmt. Lassen Sie den Hund wie beschrieben mit dem Schnüffeln beginnen. Folgt er dem Winkel, ist alles wunderbar. Falls nicht, bleiben Sie stehen, wenn der Hund mit etwa einer Körperlänge weiter geradeaus gelaufen ist. Geben Sie noch kein Wort- oder Sicht-Signal als Hilfe. Der Hund soll die Möglichkeit haben, selbstständig auf die Spur zurückzufinden. Halten Sie die Leine ruhig in der Hand, ziehen oder zerren Sie

1. Ideales Gelände: Mittelhohes Gras ist für erste Versuche gut geeignet, weil die »Bodenverletzung«, die durch das Austreten entsteht, für den Hund leichter zu entdecken ist und auch für den Mensch einigermaßen sichtbar bleibt.

2. Bodenarbeit: Die Nase tief am Boden, riecht sich der Hund die Spur entlang. Sein Frauchen folgt ihm, ohne ihn dabei mit einer zu straffen Leine zu stören.

nicht in eine bestimmte Richtung. Wichtig: Bleiben Sie nicht direkt auf dem Winkel stehen, denn dann kann der Hund ihn ja nicht erschnuppern. Geben Sie ihm die Zeit, einen kleinen Radius um den Winkel herum abzuriechen, um die Fortsetzung der Spur zu entdecken. Erst wenn er wirklich ratlos bleibt, geben Sie mit einem Handzeichen am Boden die Richtung ein kleines Stück vor, bis der Hund die Spur wieder in der Nase hat. Viele Hundeschulen und Hundesportvereine bieten diese Beschäftigung mittlerweile an. Sie eignet sich für jeden Hund, ganz gleich welche Rasse oder Größe. Denn eine tolle Nase haben unsere Vierbeiner alle! Und wer seinen schnüffelbegeisterten Hund gar um die Wette »fährten« lassen möchte, hat dafür in verschiedenen Prüfungen die Möglichkeit, zum Beispiel im im Fährtenhundesport über den dhv (→ Adressen, Seite 189).

3. Ziel erreicht: Wichtig ist, jeweils an den Start und an das Ende der Spur einen Gegenstand zu legen. Hat der Hund das Ziel erreicht, gibt es eine Belohnung oder ein Spiel.

Arbeit der **Rettungshunde**

Was trainiert wird: Geruchssinn, Koordination und Konzentration. Bei dieser Arbeit entsteht eine sehr enge, vertrauensvolle Bindung zum Hundehalter.

Das brauchen Sie: Viel Zeit zum Trainieren, einen gesunden, nicht zu kleinen Hund.

Rettungshundearbeit ist mehr als reine Beschäftigung oder Freizeitsport. Denn das Ziel des gemeinsamen Trainings ist kein Wettbewerb oder Turnier, sondern der »Ernstfall«: Menschenleben sollen gerettet werden. Ein klassischer Einsatz für ein Rettungshundeteam, bestehend aus Hund und Halter bzw. Halterin, ist die Suche nach vermissten Personen, zum Beispiel ältere oder verwirrte Menschen, die sich verlaufen haben. Jogger oder Freizeitreiter, die irgendwo im Gelände einen Sportunfall hatten. Menschen, die mit Selbstmordabsichten verschwunden sind. Unfallopfer, die im Schockzustand vom Unfallort weggelaufen sind etc. Sogenannte Trümmerhunde werden zum Beispiel in Erdbebengebieten eingesetzt. Rettungshunde der Bergwacht stöbern verschüttete Menschen unter Schneemassen auf. Und bei der Wasserrettung geht es darum, Ertrinkende sicher an Land zu bringen oder Ertrunkene aufzuspüren.

Vierbeinige »Zehnkämpfer«

Die Ausbildung eines Rettungshundeteams nimmt wöchentlich mehrere Stunden in Anspruch, häufig wird das Wochenende einbezogen. Bis alle notwendigen Prüfungen absolviert und bestanden sind, dauert es ungefähr zwei Jahre (Voraussetzung ist die Begleithundeprüfung, → Seite 127). Der Vierbeiner trainiert dabei wie eine Art »Zehnkämpfer« die unterschiedlichsten Disziplinen, zum Beispiel Sucharbeit in Trümmern, Geländegängigkeit, also das sichere Begehen von Untergründen aller Art oder Gehorsam auf Distanz. Das Training für den Hund wird dabei so gestaltet, dass er hoch motiviert und mit Freude bei der Sache ist. In der Regel können Hunde schon ab etwa sechs bis acht Monaten mit dem Training beginnen, optimalerweise sollte ein Hund für den Ausbildungsstart nicht älter als drei Jahre sein. Auch der Hundehalter hat ein enormes Lernpensum zu bewältigen, angefangen mit Erste Hilfe und Sanitätsausbildung, über Kynologie, Trümmer- und Flächensuchtaktik, Beurteilung von Geländeverhältnissen, Karten- und Kompasskunde bis hin zum Umgang mit der Einsatztechnik.

Spielfreude ist ideal

Zwar finden sich einige Rassen in der Rettungshundearbeit häufiger als andere, weil sie zuchtbedingt

1. Keine Angst: Ein Rettungshund muss mit den unterschiedlichsten Situationen klarkommen, auch mit Feuer. Gefahr ist bei tatsächlichen Einsätzen ein ständiger Begleiter. Den richtigen Umgang damit trainieren Hund und Mensch gemeinsam.

2. Geländesicher: Die Ausbildung zum Rettungshundeteam dauert etwa zwei Jahre. Angeboten wird sie von Rettungsorganisationen oder speziellen Vereinen. Viele bieten Schnupperkurse zum Kennenlernen und Ausprobieren an.

3. Nasenarbeit: Eine der Hauptaufgaben des Rettungshundes ist das Suche nach vermissten Personen. Dafür eignen sich grundsätzlich alle Rassen und Mischlinge ab einer gewissen Körpergröße.

oftmals besonders ausgeprägte Fähigkeiten mitbringen. Ideal ist ein mittelgroßer Hund, der spielfreudig (Motivation!), sozial verträglich und nicht zu ängstlich ist.

Lohn der Arbeit

Ein Einsatz als Rettungshundeteam ist in der Regel ehrenamtlich. Dafür bieten viele Rettungsorganisationen wie das Deutsche Rote Kreuz oder der Arbeiter-Samariter-Bund Deutschland e. V., aber auch der Deutsche Rettungshundeverein die Ausbildung kostenlos an. Dennoch entstehen Ausgaben, zum Beispiel für oft lange Anfahrten zu Ausbildungsplätzen und -stätten. Doch der Lohn für das übergroße Engagement ist eine vertrauensvolle Beziehung zwischen Hund und Mensch und das beglückende Gefühl, gemeinsam mit seinem Vierbeiner Hilfe am Menschen zu leisten.

Schlittenhunde-Rennen und Nordic Style

Was trainiert wird: Hier wird vor allem körperliche Kondition sorgfältig aufgebaut, die Zusammenarbeit der Hunde untereinander, und die Kooperationsbereitschaft mit dem Menschen gefördert.

Das brauchen Sie: Je nach Disziplin eine entsprechend aufwendige Ausstattung. Für Skijöring genügen prinzipiell Langlaufskier, eine Verbindungsleine und ein Laufgeschirr für den Hund.

Wintersport mit Hunden liegt voll im Trend. Das mag verwundern, jedenfalls, wenn man dabei nur an den Schlittenhundesport denkt, der die Haltung von gleich mehreren Hunden erfordert. Doch auch Besitzer von ein oder zwei Hunden können ihre Vierbeiner als Teampartner beim winterlichen Hundesport einsetzen, zum Beispiel in Disziplinen, wie Pulkaskiing oder Skijöring, die man unter dem Begriff »Nordic Style« zusammenfasst.

Nordic Style für Skilangläufer

Beim Pulkaskiing ist der Skilangläufer über ein elastisches Seil mit einer »Pulka« verbunden, die der Hund in einem Gestänge hinter sich her zieht. Die Pulka war ursprünglich eine Art hölzerne Gleitwanne, die in nordischen Ländern dem Transport von Proviant oder kleineren Lasten diente. Heute handelt es sich um eine Kunststoffwanne, die je nach Leistungsklasse mit Gewichten beschwert wird. Vor eine Pulka kann man ein oder zwei Hunde spannen. Eine Wettkampfstrecke ist zwölf bis 20 Kilometer lang.

Das Skijöring funktioniert ähnlich, allerdings ohne Pulka. Hier sind Hund und Mensch direkt durch eine Leine miteinander verbunden, die der Hund an einem Laufgeschirr trägt, sein Teampartner Mensch an einem Bauchgurt. Skijöringdistanzen im Wettkampfsport sind zehn bis zwölf Kilometer lang. In beiden Disziplinen geht es nicht vorrangig darum, sich vom Hund ziehen zu lassen. Der Langlaufsportler soll dem Hund aus eigener Kraft folgen. Das Geschick des Gespannes besteht vielmehr darin, ein hohes gemeinsames Tempo zu halten und Kurven so zu nehmen, dass der Langläufer nicht aus der Bahn gerät oder gar stürzt. Nordic Style wird von Schlittenhundesportvereinen angeboten. Das Training findet das ganze Jahr über statt, meistenteils natürlich ohne Schnee und Skier, sondern als Konditionstraining am Fahrrad, beim Wandern oder Joggen und Schwimmen.

Rudeleinsatz vor dem Schlitten

Beim Schlittenhunderennen kommen mehrere Hunde zum Einsatz, die einen Schlitten ziehen, auf dem der Teampartner Mensch, der »Musher«, stehend mitfährt. Seine Aufgabe ist es, das Schlittenhundegespann über bestimmte Kommandos allein mit seiner Stimme zu lenken. Gefahren wird in vier Klassen (von zwei bis vier Hunden bis mehr als acht). Es gibt Sprint-, Mittel- und Langstrecken, das längste Schlittenhunderennen der Welt ist das legendäre alaskanische Iditarod mit 1800 Kilometern Länge.

Nicht nur mit dem Husky

Geeignet für das Schlittenhunderennen und Nordic Style sind nicht etwa nur »klassische« nordische Hunderassen wie Husky, Alaskan Malamute, Samojede oder Grönlandhund, sondern auch viele andere Rassen und Mischlinge, die nicht zu klein und nicht zu schwer sind. Voraussetzungen sind eine gute Gesundheit und ein guter Trainingszustand (bei Wettkämpfen ist ein Renntierarzt dabei). Entscheidend für die Eignung des Hundes ist vor allem eine große Lauffreude.

PRAXIS-TIPP

Mit dem Hund auf die Loipe

In immer mehr Wintersportorten schafft man spezielle Loipen, die man auch mit dem Vierbeiner laufen darf (Infos bei den jeweiligen Touristikbüros oder Gemeinden). Untrainierte Vierbeiner ganz allmählich an diesen Wintersport heranführen! Wer mit einem konditionsstarken Hund länger im Schnee unterwegs ist, sollte regelmäßig seine Pfoten kontrollieren und sie eventuell mit speziellen Schutzcremes oder »Booties« schützen. Diese Schneeschühchen mit Klettverschluss sind für die meisten Hunde allerdings gewöhnungsbedürftig, deshalb besser als »Trockenübung« daheim ausprobieren.

Ein starkes Team: Ein Schlittenhundegespann besteht aus mindestens zwei Hunden. Die meisten Wettkampf-Teams starten in der 4-Hunde-Klasse. Mehr als acht Hunde vor dem Schlitten gilt als »Königsdisziplin«.

Turnier-**Hundesport**

Was trainiert wird: Gehorsam, Motorik, Kondition und die Bindung zum Mensch.

Das brauchen Sie: Sportliche Kleidung, Leine, je nach Anspruch mehr oder weniger Zeit für das Training und die Bereitschaft, sich einem Verein anzuschließen.

Diese Sportart ist bekannt für seine spektakulären Bilder, die Hund und Halter gleichermaßen bei höchstem sportlichem Einsatz zeigen. Tatsächlich können sich hier Sportler mit hohem Anspruch an die eigene Leistung verwirklichen. Doch auch Menschen mit weniger sportlichem Ehrgeiz oder Fähigkeiten finden im THS, so die gängige Abkürzung, viele Möglichkeiten fürs Mitmachen.

Die Disziplinen

Der Vierkampf besteht aus den vier Elementen: Gehorsamsübungen, Hürdenlauf, Slalom und Hindernislauf. Die Gehorsamsübungen sind Leinenführigkeit und Freifolge, mit Wendungen, Tempowechsel und Anhalten. Sitz- und Platzübung aus der Bewegung, mit anschließendem Abrufen. Der Hund muss bei Fuß gehen können, eine Grundstellung einnehmen (»Sitz« auf Kniehöhe des Halters) und Vorsitzen können (zum Beispiel beim Abrufen aus dem »Sitz« oder »Platz«).

Das zweite Element im Vierkampf ist der Hürdenlauf. Auf einer Strecke von 50 Metern sind drei 40 cm hohe Hürden aufgebaut, die der Hund überspringen muss. Sein Teampartner Mensch läuft parallel nebenher. Dabei sollen Mensch und Hund auf einer Höhe laufen. Gut für spannende Sportfotos ist der Slalomlauf: Hund und Mensch laufen gemeinsam durch sieben elastische 1,80 Meter hohe Streckentore. Für das schnelle gemeinsame Durchlaufen ist eine gute Technik notwendig. Beim Hindernislauf muss der Hund acht Hindernisse (Schrägwand, Tunnel, Tonne, Hürde etc.) überwinden, der Hundehalter läuft parallel zur Hindernisstrecke mit.

Eine zweite Disziplin im THS ist der Geländelauf über zwei oder fünf Kilometer Länge. Der Hund wird dabei an der Leine laufend mitgeführt.

Beim Combinations-Speed-Cup (CSC) geht es um Mannschaftssport. In einer Art Staffellauf werden drei Laufelemente des Vierkampfes 1, also Hürden-, Slalom- und Hindernislauf von drei Mannschaftsmitgliedern ausgeführt. Dabei kommt es auf schnelle Wechsel, Lauftempo und Technik an. Der »Shorty« ist eine verkürzte Variante des CSC. Hier gibt es nur zwei Sektionen, die zu durchlaufen sind. Die Mannschaften bestehen aus Zweier-Teams.

Beim Qualifikations-Speed-Cup (QSC) durchlaufen zwei Hund-Mensch-Teams zeitgleich zwei par-

1. Temporeiches Miteinander: Beim Hindernislauf muss der Hund acht Hindernisse überwinden, sein Teampartner Mensch läuft parallel mit. Auch hier kommt es auf die Gemeinsamkeit an: Die Wettkampfzeit wird erst gestoppt, wenn der letzte der beiden die Ziellinie überquert hat.

2. Harmonie und Technik: Beim Slalom durchlaufen Hund und Halter die Stangen gemeinsam. Damit keiner der beiden Teampartner die Nase vorn hat, ist gründliches Training und eine gute Technik nötig.

allel aufgestellte Geräte-Parcours, der Sieger kommt eine Runde weiter.
Den Hindernislauf gibt es in zwei Klassen für Hunde unter und für Hunde über 50 cm Schulterhöhe. Der Hund muss acht Hindernisse überwinden, der Halter läuft parallel nebenher.

Ganzjähriges Training

Eine Turnierordnung mit klarem Prüfungsreglement gibt der Verein des Deutschen Hundewesens (siehe Adressen) vor, in den zahlreichen angeschlossenen Mitgliederverbänden und -vereinen kann man den Turnierhundesport das ganze Jahr über trainieren. Grundsätzlich sind alle Rassen und Mischlinge in allen Größenordnungen zugelassen, und sogar Kinder unter zehn Jahren können schon mitmachen, wenn sie in der Lage sind, ihren Hund sicher zu führen.

Zughunde-Sport

Was trainiert wird: Kondition, Koordination und Kooperation.

Das brauchen Sie: Ein spezielles Zuggeschirr, eine professionelle Zugvorrichtung, einen Wagen (gibt es in unterschiedlichen Varianten).

Der Hund als Zugtier hat eine lange Geschichte. Dabei waren und sind es nicht nur die Schlittenhunde, die Lasten und Menschen über Schneedecken und durch eisige Temperaturen befördern. Überall in Stadt und Land wurden Hunde seit je eingesetzt, um Waren, Habseligkeiten, Milchkannen und auch Personen zu transportieren.

Viele Hunde eignen sich

Heute handelt es sich beim Einsatz vier zugkräftiger Pfoten meist um eine sportliche Angelegenheit, die in der Schweiz und Österreich bereits seit Langem organisiert betrieben wird. Doch während ein Zughund früher hauptsächlich auf seine Arbeitsfähigkeit reduziert wurde und von hundgerechter Behandlung kaum die Rede sein konnte, geht es nun vielmehr darum, auch großen, schwereren Hunden Bewegungsspaß zu bieten, der ihrer körperlichen Statur und ihrem Temperament entgegenkommt. Landseer, Sennenhunde oder Neufundländer sind typische Vertreter dieser großen Rassen, aber auch der Rottweiler, und natürlich entsprechend große Mischlinge, die sich weniger für Agility oder Dog-Frisbee eignen, selbstverständlich aber auch beschäftigt sein wollen. Nicht wenigen Rassen liegt das Ziehen im Blut, weil sie über Jahrhunderte dafür eingesetzt wurden. Auch Retriever, Boxer, Dobermänner, Dalmatiner und viele andere Rassevertreter sowie Mischlinge dieser Größenordnung entwickeln oftmals großen Spaß daran.

Parcours oder Trail

Zum Ziehen gibt es eine erstaunlich breite Palette von Fahrbarem, von rustikal bis hochmodern. Doch ob ganz »normaler« Wagen oder »Sacco-Cart«, entscheidend für einen gesunden Zughundesport ist das exakt angepasste Spezialgeschirr für den Hund und die professionelle Anspannung über geeignete Zugvorrichtungen. Gefahren wird in verschiedenen Disziplinen. Bei einem Parcours begleitet der Zughundeführer seinen eingespannten Vierbeiner über eine Strecke, auf der mehrere Hindernisse zu passieren sind. Hier geht es also vor allem um Geschicklichkeit. Ein »Trail« bezeichnet die freie Fahrt, dabei zieht der Hund den Wagen (meist einen Sacco-Cart) samt Fahrer selbstständig voran, gelenkt von den Stimm-Kommandos des Fahrers.

Gründliches Aufbautraining

Mittlerweile gibt es auch in Deutschland immer mehr Hundesportfreunde, die ihre Vierbeiner mit gründlichem Aufbautraining langsam an das Ziehen von Wagen verschiedenster Bauart heranführen. Denn der Zughundesport verlangt eine behutsame Ausbildung des Hundes, wozu beispielsweise auch Verkehrssicherheit zählt.

Auch hier gilt wie bei jeder anderen bewegungsaktiven Hundesportart, dass der Vierbeiner ausgewachsen sein muss, bevor er regelmäßig sportlich eingesetzt wird. Doch ein Aufbautraining kann und sollte man durchaus schon mit dem Junghund beginnen, indem man ihn beispielsweise an das Tragen des Zuggeschirrs und später auch schon mal an das Tragen des Gestänges gewöhnt. Und die entsprechenden Signale, zum Beispiel für Tempo- und Richtungswechsel, kann man selbstverständlich auch schon im Vorfeld gründlich mit einem jungen Vierbeiner üben.

Varianten für begeisterte Läufer

Hundesport mit Zuggeschirr gibt es in einer erstaunlichen Variantenbreite. Beim Bikejöring wird der Hund vor ein Fahrrad gespannt.

Kippsicherer ist ein dreirädriges »Trike«, das ein- oder zweispännig gefahren wird. Der Fahrer steht darauf und kann gegebenenfalls mitrollern. Beim »Cani Cross«, eine noch sehr junge Sportart aus Frankreich, läuft der Hund an einem Zuggeschirr und Leine seinem joggenden Herrchen oder Frauchen voraus. Hier sind allerdings weniger die massigen Hunderassen geeignet, sondern vor allem jene mit überdurchschnittlicher Lauffreudigkeit.

Hinweis: Wer testen möchte, ob sein Hund gern zieht, sollte das nur unter professioneller Anleitung probieren, etwa bei einer Hundeschule. Niemals darf man einen Wagen oder Schlitten einfach über ein Seil am Halsband/Geschirr des Hundes befestigen. Hier droht Verletzungsgefahr, zum Beispiel, weil der Wagen oder Schlitten auf das Tier aufläuft.

Im ruhigen Trab: Der Zughundesport wird auch in Deutschland immer mehr zu einer beliebten Freizeitbeschäftigung mit größeren Rassen oder Mischlingshunden.

Hunde mit Handicap

Hunde mit einer Krankheit oder Behinderung müssen keine Stubenhocker sein. Mit individueller Förderung gibt es auch für sie Spiel und Sport.

Kaum zu glauben: Die blinde Hündin Kimmi bewältigt sogar den Slalom beim Agility-Parcours. Sie reagiert dabei auf Frauchens Wort-Signale »links« und »rechts«. Ein Leckerli hält ihre Motivation hoch. Die Hündin liebt Agility über alles. Doch der Sport bringt Kimmi nicht nur Spaß, sondern stärkt zugleich ihre körperliche Koordination. Ein Leben mit Handicap muss nicht zwangsläufig langweilig sein.

Kimmi liebt Agility – obwohl sie kein einziges Hindernis sieht und auch die Körpersprache ihres Frauchens nicht wahrnehmen kann. Die knapp dreijährige Collie-Hündin ist blind. Als Edeltraud Eike erstmals der Verdacht kam, dass mit ihrer Hündin etwas nicht stimmt, war Kimmi gerade mal zehn Wochen alt. »Progressive Retina Atrophie« hieß die erschreckende Diagnose. Eine fortschreitende Rückbildung der Netzhaut führte zur totalen Erblindung – bei der kleinen Hündin war das schon mit vier Monaten der Fall. Ein Schock für Frauchen, die von einer aktiven Gesellschaft durch den Hund geträumt hatte und nun einen »Pflegefall« auf vier Pfoten hat. Keineswegs, weiß sie heute, und zwar nicht nur, wenn sie mit Kimmi einen Agility-Parcours trainiert. Ihre langhaarige Collie-Schönheit begleitet sie auch auf langen Spaziergängen und spielt dabei ausgelassen mit anderen Hunden. Wer die Hündin dabei beobachtet, würde nie auf die Idee kommen, dass ihr das Augenlicht fehlt.

Das Training bringt Sicherheit im Alltag

Beim Agility-Training hat Kimmi Schritt für Schritt gelernt, der Stimme ihres Frauchens bedingungslos zu vertrauen. Prinzipiell war der Trainingsaufbau dabei nicht anders als bei anderen Hunden, erzählt Hundetrainerin Anja Mack, nur etwas behutsamer. Und immer an der Leine, um sie auf dem Platz leiten zu können. Hat Edeltraud Eike ihre Hündin an ein Hindernis herangeführt, gibt sie ihr stets das Signal »Pass auf!«, damit Kimmi weiß, dass etwas vor ihr liegt. Dann sagt Frauchen an, um was es jeweils geht: »Hopp« für die Hürde, »links« und »rechts« für den Slalom. Mit viel Lob und mit Leckerlis hat sie Kimmi beigebracht, was an welchem Hindernis zu tun ist. Mittlerweile lässt die Hündin trotz Handicap kein Hindernis aus: Sie geht durch die Röhre, klettert über die A-Wand, springt über kleine Hürden und balanciert sogar über den schmalen Steg – die größte Herausforderung für sie. Schritt für Schritt tastet sie sich voran, schnüffelt mit der Nase am Rand entlang und bewältigt den Parcours mit Frauchen an ihrer Seite sicher vom Anfang bis zum Schluss. Die Bindung zwischen Edeltraud Eike und Kimmi basiert auf großem beiderseitigen Vertrauen. So darf Kimmi sogar beim jährlichen Hunderennen ihrer Hundeschule mitlaufen – immer Frauchens Stimme nach!

Auch »Oldies« können aktiv bleiben

Nicht nur für Kimmi gibt es eine passende Sportart. So gut wie jedes Handicap lässt noch genügend Freiraum für eine körperliche und mentale Beschäftigung des jeweiligen Hundes. Und auch Senioren brauchen keine Langeweile in der warmen Stube zu schieben, sondern können – ihrer jeweiligen Verfassung angepasst – weiterhin am aktiven Leben teilnehmen. So lässt sich Agility beispielsweise von den Anforderungen so weit herunterschrauben, dass große Sprünge gar nicht mehr notwendig sind. Immer mehr Hundeschulen bieten sogar spezielle Kurse für Handicap-Hunde oder alte Vierbeiner an. Und ein passendes Spiel findet sich garantiert immer – ob das nun die Handtuch-Rolle ist (→ Seite 22), oder eine kleine Schatzsuche drinnen oder draußen (→ Seite 32 und 34).

Hindernisse, wie hier die A-Wand, erschnuppert Kimmi zunächst mit der Nase. Dass die Hündin ihren Geruchssinn heute so selbstverständlich einsetzt, freut Trainerin Anja Mack besonders, denn anfangs schnupperte sie aus lauter Unsicherheit überhaupt nicht. Das hat der Handicap-Hündin ein großes Stück Lebensqualität beschert, denn so kann sie sich, auch wenn sie mit Frauchen draußen unterwegs ist, gut orientieren und frei bewegen.

»Pass auf!« sagt Edeltraud Eike vor jedem Hindernis zu ihrer Collie-Hündin. Dann weiß Kimmi: Hier steht ein Hindernis. Anschließend gibt ihr Frauchen das jeweilige Signal, das die Hündin vertrauensvoll ausführt. Mit »Hopp« geht es über die Hürde.

GESUND UND GLÜCKLICH

Sport und Spiel halten Ihren Vierbeiner fit. Das sind wichtige Bausteine für seine Ausgeglichenheit und Kondition. Doch auch die richtige Ernährung sowie eine regelmäßige medizinische Kontrolle und Fürsorge sind notwendig, damit Ihr Hund Sie viele Jahre lang fröhlich, vital und gesund durch's Leben begleitet.

Richtig füttern sorgt für Wohlbefinden

Wer seinem Vierbeiner ein aktives »Hundeleben« bereitet, fragt sich vielleicht, ob er für das Tier eine spezielle Ernährung braucht. Orientieren Sie sich bei der Beantwortung dieser Frage am besten an Ihrem eigenen Bedarf: Selbst als besonders eifriger Freizeitsportler greifen Sie wohl kaum zu leistungssteigernden Mitteln, sondern ernähren sich schlicht und einfach – gesund. Genau das ist auch das Richtige für Ihren sportlichen Begleiter auf vier Pfoten.

Der Rippentest

So wie Sie jedes Pfund zu viel spüren, zum Beispiel beim Joggen oder Walken, leidet auch die Vitalität und die Gesundheit Ihres Hundes darunter, wenn Sie es bei der täglichen Futtergabe allzu gut mit ihm meinen. Bevor es also richtig losgeht mit dem Sportprogramm, sollten Sie überprüfen, ob Ihr Vierbeiner Idealgewicht hat: Umfassen Sie mit beiden Händen seinen Brustkorb. Wenn Sie jede einzelne Rippe gut tasten können (1,2,3 …), hat er wahrscheinlich das richtige Gewicht. Um sicherzugehen, fragen Sie das nächste Mal in der Tierarztpraxis nach, was man dort zu der Figur Ihres Hundes meint. Falls Abspecken angesagt ist, füttern Sie eventuell eine Weile Diätfutter, das mehr Ballaststoffe enthält und starten Sie ein »sanftes« Bewegungsprogramm.

Schnell serviert

Wer seinen Vierbeiner ausgewogen, aber unkompliziert ernähren möchte, dem empfehlen Tiermediziner heute in aller Regel hochwertiges Fertigfutter. Darin sind alle lebensnotwendigen Nährstoffe enthalten. Entscheidend bei der Auswahl ist, auf die richtige Deklaration zu achten. Für die Hauptmahlzeiten – täglich zwei werden für erwachsene Hunde empfohlen – wählen Sie Hundefutter mit der Kennzeichnung »Alleinfutter«. Bei »Ergänzungsfutter« handelt es sich um Futterzusätze, wie Getreide- oder Reisflocken, die nur notwendig sind bei reiner Fleischfütterung (auch aus Dosen). Mit sogenanntem Beifutter ist die riesige Auswahl an Leckerlis, Kauknochen etc. gemeint, die sich als Belohnungshappen bei Spiel und Sport, aber keinesfalls als reguläre Ernährung eignen. Dennoch steuern auch sie Kalorien bei.

Die Entscheidung, ob Sie eher Trockenfutter oder Feuchtfutter geben, hängt in der Hauptsache von praktischen Erwägungen ab (unterwegs ist Trockenfutter einfacher zu handhaben, geöffnet hält es länger). Bedenken sollten Sie, dass Feuchtfutter sehr viel weniger Wasser (< 10%) als Feuchtfutter (rund 75% Wasser) enthält. Trockenfutter ist deshalb wesentlich energiereicher, der Hund braucht ent-

Kalorien berechnen: Beifuttergaben, wie zum Beispiel Kauknochen oder Leckerlis, immer bei der Menge der Hauptmahlzeit mit einrechnen.

Richtig füttern: Welpen und junge Hunde sollten drei bis vier Mal am Tag gefüttert werden, erwachsene zweimal. Wichtig für sportliche Hunde: Zwei Stunden vor der Aktivität keine Mahlzeit, auch danach nicht gleich füttern.

sprechend weniger davon. Da viele Hunde Feuchtfutter lieber mögen, füttern Sie einfach abwechselnd beides. So treffen Sie den Geschmack Ihres Vierbeiners mit Sicherheit.

Selbst kochen mit Expertenrat

Wer industriell hergestelltem Fertigfutter nicht trauen mag und seinen Vierbeiner lieber selbst bekocht oder gerne roh füttert, braucht dafür unbedingt fachlichen Rat, um den Hund ausreichend mit allen lebensnotwendigen Nährstoffen zu versorgen. Hier helfen wiederum Tierärztinnen und Tierärzte oder auch einige tierärztliche Fakultäten, die gegen Honorar eine Ernährungsberatung anbieten. Dort kann man übrigens auch Fertigfutter auf Wert und Qualität untersuchen lassen.

Gesund macht schön

Ob Sie Ihren Hund richtig ernähren, können Sie auch sehen. Äußere Anzeichen für Gesundheit sind beispielsweise ein glänzendes Fell, glatte (nicht brüchige) Krallen, ein gleichmäßiges Hautbild. Auch was Sie täglich im Hundebeutel »entsorgen«, kann aufschlussreich sein: Der Stuhlgang Ihres Hundes soll trocken und nicht schleimig sein, mit einer homogenen Konsistenz (also ohne viele unverdaute Teile oder Fasern).

Spezialfutter im Krankheitsfall

Spezielles Hochleistungsfutter, zum Beispiel mit besonders hohem Eiweißgehalt, brauchen eigentlich nur vierbeinige »Extremsportler«, wie Schlittenhunde während der Rennsaison (hier hat jeder Besitzer meist ohnehin sein »Geheimrezept« …). Ansonsten gilt es eigentlich nur im Krankheitsfall, auf eine spezielle Ernährung umzustellen. Am besten niemals eigenmächtig eine Ernährungsumstellung vornehmen, sondern in Abstimmung mit einer Tierärztin oder einem Tierarzt, die Ihren Vierbeiner regelmäßig betreuen.

Gesund und **fit** für Spiel und Sport

Bewegung hält jung und gesund, das gilt auch für unsere Vierbeiner. Doch Sport birgt auch Risiken: Überbelastung zum Beispiel, Verletzungen oder zu einseitiges Training. Deshalb sollten Sie das Spiel-und-Sport-Programm für Ihren Hund langsam aufbauen, immer wieder mal variieren und genau darauf achten, wie der Hund auf Anstrengung reagiert. Denn anders als der Mensch, der bei Schmerz oder Frust einfach aufhören kann, fällt es dem Hund viel schwerer, »vernünftig« zu sein: Er will als Rudelmitglied um jeden Preis mithalten, beim Fahrradfahren oder Joggen nicht den Anschluss verlieren, und er »überspielt« aufkommende Erschöpfung gern, bis wirklich gar nichts mehr geht. Noch dazu ist es für uns Menschen nicht so einfach, eventuelle Erschöpfungssignale unseres Vierbeiners richtig zu deuten. Deshalb lautet die wichtigste Regel: Lieber häufiger kurz trainieren als nur ab und zu lange am Stück.

Hier das individuell richtige Maß zu finden, hängt stark von der Kondition des Hundes und auch von der jeweiligen Sportart ab. Eine Viertelstunde Flyball oder Dog-Frisbee ist eine viel stärkere körperliche Belastung als eine halbe Stunde Obedience. Und eine Einzelstunde Training fordert den Hund viel mehr als ein Gruppentraining, bei dem jeder Hund insgesamt vielleicht nur 15 Minuten körperlichen Einsatz bringen muss. Verantwortungsvolle Hundesporttrainer/innen haben das im Blick und geben ihren zweibeinigen »Schülern« dann auch den Hinweis – »Macht mal Pause ...«. Das sollte man unbedingt beherzigen.

Knochen haben ein langes Gedächtnis

Einer der häufigsten Fehler, meist aus Unwissenheit heraus, ist die zu frühe körperliche Belastung des jungen Hundes. Einen erst sechs oder acht Monate alten, zwar temperamentvollen, aber eben noch nicht ausgewachsenen Vierbeiner bereits eine halbe Stunde am Fahrrad mitlaufen zu lassen, ist zu viel.

Vorzeitige körperliche Belastung kann einerseits akute Schäden, wie Bänderriss, Zerrung oder Frakturen, auslösen. Oft aber rächt sie sich erst in späteren Jahren. Überbelastung der sensiblen Wachstumszonen in den Knochen kann weitreichende Folgen haben: Ein vorzeitiger Fugenschluss verursacht womöglich spätere Fehlstellungen der Gliedmaßen und daraus resultierende Gelenkbeschwerden, wie Arthrosen. Möglich ist auch eine »Aktivierung« oder Verschlechterung degenerativer Erkrankungen, wie Hüftdysplasie (HD), Ellbogendysplasie (ED) oder Osteochondrosis dissecans (OCD) und andere, die bei Hunden nicht selten erblich bedingt sind.

Unbeschwertes Hundeglück: Zu Spiel und Sport gehört eine vernünftige Ernährung und ein guter Blick für die Gesundheit des Vierbeiners.

Test: **Wie fit ist Ihr Hund?**

Die folgenden Fragen sollen Ihnen dabei helfen, Ihren Vierbeiner konditionell richtig einzuschätzen.

Mein Hund ist ...	**klein**	**mittelgroß**	**groß**
A ◯ ... jünger als	7	6	5 Jahre
B ◯ ... älter als	7	6	5 Jahre
C ◯ ... älter als	10	8	6 Jahre

Ich kann die Rippen meines Hundes an seinem Brustkorb ...

A ◯ ... gut spüren
B ◯ ... gerade noch erfühlen
C ◯ ... eigentlich nicht mehr fühlen

Unser Ausgehpensum umfasst täglich mindestens ... ?

A ◯ ... 2 bis 3 Stunden
B ◯ ... 1,5 bis 2 Stunden
C ◯ ... 0,5 bis 1 Stunde

Mein Hund und ich sind gemeinsam sportlich (zum Beispiel Fahrradfahren, Joggen, Hundesport, wie Agility oder Ähnliches)

A ◯ Ja, sogar sehr intensiv (2 bis 3 x pro Woche)
B ◯ Ja, etwa 1 x die Woche bzw. eher unregelmäßig
C ◯ Nein, wir gehen »nur« spazieren

Ein kürzlicher Check in der Tierarztpraxis ergab:

A ◯ Alles in Ordnung mit Bewegungsapparat und Herz-Kreislauf-System
B ◯ Leichte Einschränkungen am Bewegungsapparat und /oder am Herz-Kreislauf-System
C ◯ Probleme mit dem Herz-Kreislauf-System und/ oder dem Bewegungsapparat oder der Hund ist noch zu jung (‹1 bis 1,5 Jahre) bzw. zu alt für intensiveren Sport

AUSWERTUNG

Welche Antworten haben überwogen: A, B oder C?

(A) **Top in Form:** Ihr Hund ist ein Energiebündel. Achten Sie jedoch darauf, ihn nicht nur körperlich »auszupowern«. Fordern Sie Ihren Hund auch mental, zum Beispiel mit Suchspielen oder öfter mal einer Denkaufgabe auf.

(B) **Für gemäßigte Sportler:** Ihr Vierbeiner braucht vor allem Sportarten, die Knochen und Gelenke nicht zu stark belasten. Wenn es dem Hund Spaß macht, ist leichtes Mittraben beim Joggen, Walken oder am Fahrrad, Schwimmen oder kürzere Wanderstrecken ideal für ihn (am besten zuvor mit dem Tierarzt sprechen).

(C) **Bewegung im Alter:** Wenn Ihr Hund allmählich ins »Rentenalter« kommt, sollten Sie ihn vor allem schlank halten und ruhige Bewegungsarten mit ihm unternehmen, wie Obedience oder Fährtenarbeit. Doch weder Alter noch gesundheitliche Einschränkungen sind ein Grund dafür, einen Hund gar nicht mehr zu fordern (mit dem Tierarzt sprechen). Viele Spiele eignen sich für anregende Kopfarbeit mit mäßiger körperlicher Belastung, zum Beispiel Denkspiele (→ ab Seite 90) und Suchspiele (→ ab Seite 30).

Kleine sind schneller ausgewachsen

Deshalb ist es so wichtig, den Vierbeiner allmählich an körperliche Belastung heranzuführen und sich zu informieren, wann das Knochenwachstum abgeschlossen ist. Als Richtwert gelten für kleine Hunde etwa zehn Monate, für mittelgroße etwa ein Jahr, und für die großen Rassen anderthalb bis zu zwei Jahre. Doch es gibt Schwankungen in der individuellen Entwicklung. Fragen Sie am besten in der Tierarztpraxis nach, wie man Ihren Hund dort einschätzt und welches Spiel- und Sportpensum Sie ihm bereits zumuten können.

Gesundheitchecks (nicht nur) für Aktive

Wenn Sie planen, mit Ihrem Vierbeiner eine gemeinsame »Sportkarriere« aufzubauen, sollte die Tierarztpraxis oder -klinik ohnehin erste Anlaufstelle sein. Dort klären die Veterinärmediziner das allgemeine Befinden, Herz, Lunge, aber auch die Körperkonstitution (Ausbildung der Muskulatur, Fettanteil, Gelenke). In regelmäßigen Abständen ist außerdem eine Routinekontrolle der Blutwerte angezeigt (beim Jungtier seltener, beim älteren Hund zumindest alle zwei Jahre, später jährlich). Sollten Probleme im Bewegungsablauf auftreten, kann eine Röntgenuntersuchung oder Ganganalyse mehr Klarheit bringen. Bei Einsätzen auf Turnierniveau sollte der Untersuchungszeitraum entsprechend kürzer sein, eine jährliche Blutuntersuchung wäre dann für jedes Alter sinnvoll. Die häufige Annahme, Mischlinge seien robuster als Rassehunde, stimmt übrigens nicht, deshalb gelten regelmäßige Gesundheitschecks selbstverständlich für alle Hunde.

Schritt für Schritt zur Sportfigur

Mit Übergewicht zum Agility-Kurs, das ist schlicht unfair – und auch ungesund. Wer einen etwas rundlichen Vierbeiner besitzt, sollte ihn allmählich an ein sportlicheres Leben heranführen. Oftmals hilft schon ein kleinerer Futternapf Wunder, denn darin sehen kleinere Portionen nicht so »mickrig« aus. Wer das nicht durchhält, sollte eine Weile auf Diätfutter umstellen. Steigern Sie die Aktivitäten Ihres Vierbeiners langsam, zum Beispiel mit mehreren kurzen Spaziergängen täglich, die von Woche zu Woche etwas länger werden.
Dabei bauen Sie kleine Übungen ein, wie »Hindernis umrunden« (→ Seite 53), auf einen liegenden Baumstamm springen und balancieren (an der Leine), oder »Bergsteigen« leicht gemacht (→ Seite 60/61). Auch ein Obedience-Kurs als Einstieg eignet sich hervorragend, um den Hund mental und körperlich wieder beweglicher zu machen. Wenn die Idealfigur nahe ist und Tierarzt oder Tierärztin grünes Licht geben, können Sie intensiver einsteigen, zum Beispiel mit einem leichten Fahrrad-Training (anfangs ein paar Tage fünf Minuten traben, fünf Minuten schieben, dann zehn Minuten traben, zehn Minuten schieben usw.) oder mit einem Einsteiger-Kurs Agility.

PRAXIS-TIPP

Soforthilfe bei Sportverletzungen

Eine Zerrung kommt schon mal vor. Schnellstens kühlen, empfehlen Tierärzte, etwa mit einem Coolpack, Eisspray oder ein paar Eiswürfeln. Vorsicht: Kaltes nie direkt auf das Fell platzieren. Coolpack/Eiswürfel in ein Handtuch einwickeln. Außerdem sollte der Hund ruhig gestellt werden. Wohltuend ist Arnika aus der homöopathischen Hausapotheke (stündlich), ggf. Rescue-Tropfen. Wärme erst ab dem nächsten Tag, ebenso heparinhaltige Gels oder Salben. Dennoch unbedingt zum Tierarzt!

»Mir geht's super«: Dass dieser Vierbeiner sich »pudelwohl« fühlt, ist sonnenklar. Auf dem Rücken liegend, alle viere von sich gestreckt – so kann man sich nach dem Training herrlich entspannen.

Erste Hilfe und Hausapotheke für den Vierbeiner

Wer mit seinem Hund häufig sportlich unterwegs ist, ob auf einer Wanderung oder bei Turniereinsätzen, sollte für den Notfall gerüstet sein.

Speichern Sie in Ihrem Handy die Telefonnummern Ihrer Tierärztin, Ihres Tierarztes, einer nahe gelegenen Tierklinik und einer mobilen Tierrettung ein (gibt es zum Beispiel in München). Mit den folgenden Utensilien sind Sie für Erste-Hilfe-Einsätze bestens gerüstet (erhältlich in der Apotheke und/oder im Zoofachhandel).

Pinzette: Mit schmaler, abgerundeter Spitze zum Entfernen von Schmutz, kleineren Fremdkörpern oder Dornen aus Wunden und Haut z. B. aus dem Ballen.

Zeckenzange: Damit rücken Sie den lästigen Parasiten ordentlich zu Leibe.

Schere: Eine leicht gebogene Schere mit abgerundeter Spitze zum Schneiden von Gaze und Heftpflaster, ggf. auch von Haaren um Wundränder.

Taschenlampe: Eine kleine Stabtaschenlampe zum Betrachten von Ohren, Maul und Wunden (Elektrofachhandel) leistet gute Dienste.

Cool-/Hotpack: Das hilft beispielsweise bei Zerrungen (→ Praxis-Tipp, Seite 166).

Fieberthermometer: Verwenden Sie am besten ein Digitalthermometer (Normalwerte für Hunde: 38 bis 39 Celsius, Welpen bis zu 39,5 Celsius).

Mullbinden: Zwei bis drei Mullbinden (Breite etwa 4 cm/8 cm).

Gazetupfer: Mehrere Ausführungen, möglichst steril und Verbandswatte.

Heftpflaster: 2,5 bis 6 cm Breite, das selbst zugeschnitten werden kann.

Desinfektionsmittel: Wasserstoffperoxid 3% zum Desinfizieren oberflächlicher Hautwunden oder Abschürfungen, die mit Dreck oder Rost verschmutzt sind. Jodtinktur zum Reinigen und Desinfizieren von Wunden. Antibiotisches Wundpuder oder Wundsalbe für eine lokale Wundversorgung.

Medikamente: Arnica Globoli, Rescue-Tropfen.

Wellness für Körper und Seele

Auch Hunde mögen es, wenn sanfte Berührungen ihnen helfen, einmal ganz und gar »loszulassen«, zum Beispiel nach einem anstrengenden Trainings- oder Turniertag. Oder einfach als »Schmusestündchen« zwischendurch ...

Zeit für Zärtlichkeit

Sanft massierende Berührungen lockern die Muskulatur und stärken die Bindung zwischen Ihnen und Ihrem Hund. Dafür ist eine ruhige Atmosphäre wichtig, und die Bereitschaft des Hundes, sich ganz und gar Ihren Händen anzuvertrauen.
Nicht alle Vierbeiner mögen die intensiven Berührungen über ein paar Minuten hinweg von Anfang an. Probieren Sie deshalb vorsichtig aus. Fließt Ihr Hund vor Wonne dahin, dürfen Sie sanft weitermassieren. Zeigt er Anzeichen von Stress (Köper angespannt, will aufstehen, Ohren angelegt), belassen Sie es bei einer kurzen Streicheleinheit und versuchen es in ruhigen Momenten immer wieder einmal für einige Sekunden. Mittlerweile gibt es Physiotherapiepraxen für Tiere, die neben einem breiten Behandlungsspektrum auch Kurse für wellness-bewusste Hundehalter anbieten. Dort kann man in wenigen Stunden lernen, mit welchen Griffen die Massage für den Vierbeiner wohltuend und gesund

Pfoten-Check: Wer mit seinem Hund viel läuft, sollte dessen Hornhäute regelmäßig kontrollieren. Eine Pfotenreflexzone entspannt den ganzen Hund – sollte aber zunächst ein Profi vormachen.

PRAXIS-TIPP

Warm up and Cool down ...

Pflichtprogramm vor jedem sportlichen Einsatz: Die Muskulatur des Hundes sanft aufwärmen, für eine gute Durchblutung. Beginnen Sie etwa 20 bis 30 Minuten vor dem Training oder Start:
– 5 bis 10 Minuten ruhiges Gehen an der Leine, anschließend noch einmal 5 bis 10 Minuten Gehen und leichten Trab in Intervallen. Nehmen Sie Ihren Hund dafür »Bei Fuß«.
– Zwei, drei Minuten einen großen Kreis oder eine großzügige Acht laufen, dabei immer etwas enger werden. Anschließend eventuell noch ein-, zweimal Slalom durch die Beine.
Im Winter etwas länger aufwärmen, bei sehr kalten Temperaturen zusätzlich mit einem Hundemantel dafür sorgen, dass die Muskulatur bis zum Start nicht wieder zu sehr abkühlt.
Nach dem sportlichen Einsatz entspannt ein ruhiger Spaziergang ohne größere Aktivitäten und schließlich eine sanfte Massage.

Bitte nicht stören: Immer wieder mal entspannen, auch das braucht der aktive Hund. Geben Sie ihm genug Gelegenheit dazu. Eine sanfte Massage kann beim »Loslassen« helfen, wenn der Hund die intensive Berührung mag.

ist. Einige Basics für werdende Wellness-Profis: Zwingen Sie Ihren Vierbeiner zu nichts. Nutzen Sie die Gunst der Stunde: Wenn Ihr Hund entspannt im Platz oder bereits auf der Seite liegt, probieren Sie eine erste kleine Massage aus. Verzichten Sie auf eine Massage des Hundes, wenn Ihr Vierbeiner krank ist. Vielleicht kennen Sie es von sich selbst: Fühlt man sich nicht wohl oder hat gar irgendwo Schmerzen, mag man oftmals gar nicht gern berührt werden. Ein kranker Hund, der nicht einmal sagen kann, wo es drückt, ist kein »Kandidat« für eine Massage.

Massage-Praxis

Gute Bereiche für massierende Streicheleinheiten sind die Rückenmuskulatur rechts und links neben der Wirbelsäule (niemals direkt auf dem Rückgrat!), die Oberschenkel, die Vorderbeine und ausstreichende Handbewegungen über Rumpf und Beine. Ohren- und Pfotenreflexzonenmassage mögen Hunde auch, doch die sollten Sie sich unbedingt vom Profi zeigen lassen. Für eine Massage sollte der Hund entspannt auf der Seite liegen. Bei einer Rückenmassage verwenden Sie nur die Fingerspitzen, die Sie flach aufsetzen. Nun mit sanftem Druck in kleinen Kreisbewegungen vom Nacken bis zur Rute und wieder zurück massieren. Dabei sollte sich die Haut über der Muskulatur leicht verschieben.

Für die Oberschenkelmuskulatur massieren Sie mit etwas mehr Fingerfläche. Hüft-, Kniegelenk und Wirbelsäule werden ausgelassen.

Bei der Massage der Vorderbeinmuskulatur des Hundes umfassen Sie mit einer Hand den Muskel oberhalb des Ellbogengelenks, der Daumen liegt oben auf dem Muskel auf. Anschließend den Daumen in kleinen Kreisen sanft bis kurz vor das Ellbogengelenk bewegen.

Für das Ausstreichen zum Schluss mit beiden Händen flach und mit leichtem Druck vom Nacken über den Rumpf bis über die Gliedmaßen des Vierbeiners streichen.

SPIELE UND SPORTARTEN AUF EINEN BLICK

Die folgenden Tabellen geben Ihnen einen Überlick zu allen Spielen und Sportarten in diesem Ratgeber. So können Sie schnell und bequem auswählen, was für Sie und Ihren Vierbeiner genau das Richtige ist. Die Altersangaben dienen als ungefähre Orientierung. Beachten Sie die individuelle Reife Ihres Hundes.

	Spiel	Sie brauchen	Alter des Hundes	Was trainiert wird	Spielzeiten
	**Karton und Kissenberg** → Seite 19 ff.	Leckerlis, Karton, Zeitungspapier, mehrere (Sofa-)Kissen	Ideal schon für die Kleinsten: Karton-Suche ab 10 bis12 Wochen, Kissenberg ab 12 bis 14 Wochen	Geschick und Ausdauer. Wer »Sitz«/»Platz« beherrscht, sollte in dieser Position den Start abwarten	Ein, zwei Spielrunden pro Tag. Die Kleinsten nicht länger als 5 bis 10 Sekunden suchen lassen. Geübte max. eine Minute
	**Die Handtuch-Rolle** → Seite 22/23	Leckerlis, ein ausrangiertes Handtuch	Ab 4 Monate mit einfachem Spielaufbau. Auch für Senioren/kranke Hunde gut machbar	Mit Geduld und Geschicklichkeit soll der Hund die Handtuch-Rolle aufwickeln und die Leckerlis finden	Nicht öfter als 2-mal hintereinander, 2- bis 3-mal pro Woche. Spieldauer und Spielaufbau dem Alter des Hundes anpassen
	**Die Futterflasche** → Seite 24/25	Stabile Plastikflasche, Stoffwürfel, Snackball, Futter flasche mit Tau (Zoofachhandel), Leckerlis	Ab 4 Monate Plastikflasche/ Stoffwürfel. Ab 4 bis 5 Monate Snackball; Futterflasche mit Tau ab 9 Mon.	Hier geht es um Geschicklichkeit und Ausdauer. Nur so kommt der Hund an die Futterbelohnung	Nicht täglich und nicht öfter als eine Runde pro Tag, dann bleibt das Spiel spannend. Junge Hunde nur ein paar Minuten fordern
	**Das Leckerli-Loop** → Seite 26/27	Trockenfutterbrocken oder Käsewürfel, die nicht zu leicht sind	Je nach Reife des Hundes sollte er 6 bis 9 Mon. alt sein, bevor Sie diese Übung mit ihm aufbauen	Der Hund braucht hier viel Geschick. Disziplin ist gefragt, um nicht vorher schon zu »naschen« ...	Zwei, drei Minuten Training am Stück sind genug. Das fertige Spiel nicht öfter als 2-, 3-mal abrufen, und auch nicht jeden Tag
	**Schatzsuche drinnen** → Seite 31/32	Einen Gegenstand zum Verstecken (Spielzeug, Tuch), evtl. Leine/Brustgeschirr, Leckerlis	Ab 4 Monate; je nach Alter Schwierigkeitsgrad steigern. Ideal auch für Senioren	Der Hund lernt, sich beim Suchen zu konzentrieren und den Gegenstand abzugeben	Junghunde brauchen in 5 bis 10 Sekunden einen Erfolg. Für »Geübte« Suche erschweren. 1- bis 2-mal pro Woche

Spiel	Sie brauchen	Alter des Hundes	Was trainiert wird	Spielzeiten
 **Schatzsuche draußen** → Seite 34/35	Einige Gegenstände (z. B. Mütze, Schal, Handschuh), evtl. Clicker (→ Seite 40), Leckerlis	Ab 6 bis 9 Monate können Sie dieses kleine Suchspiel mit Ihrem Vierbeiner trainieren	Das Spiel erfordert viel Aufmerksamkeit vom Hund. Seine Konzentration auf Sie wird erhöht	Gelegentlich unterwegs in den Spaziergang einbauen. Lassen Sie ihm die nötige Zeit und Ruhe, die »Schätze« zu finden
 **Das Apportieren** → Seite 36/37	Ein Spielzeug oder einen Ball zum Werfen, Leckerlis	Ihr Hund sollte etwa ein halbes Jahr alt sein, bevor Sie das Apportieren mit ihm üben	Es werden Disziplin und Konzentration (Abwarten, Beobachten, Gegenstand abgeben) geschult	Ein bis zwei Spieldurchgänge genügen. Am besten nicht täglich. Schwierigkeitsgrad langsam erhöhen
 **Die Futterbeutel-Suche** → Seite 38/39	Leine (oder Schleppleine), Brustgeschirr, Futterbeutel (oder auch kleine Tasche), Leckerlis	Ab etwa einem halben Jahr. Die Futterbeutel-Suche kann man sehr gut ausbauen	Der Hund muss seine Nase einsetzen. Disziplin ist nötig, denn der Beutel soll bei Ihnen abgegeben werden	Anfangs ein schnelles Erfolgserlebnis nach zwei, drei Minuten. Ein bis zwei Spieldurchgange, 3- bis 4-mal pro Woche
 **Das Dufttuch** → Seite 42/43	Stofftuch, Dufttücher (z.B. aus Papier), Düfte wie Haushaltsöle, Honig oder Milch, eventuell Gläser	Je nach Reife des Hundes ab einem ³/₄ bis einem Jahr beginnen, dieses Spiel aufzubauen	Der Geruchssinn und die Fähigkeit, zwei Aufgaben miteinander zu kombinieren (riechen/Duftstoff anzeigen)	Mit Duftstoff vertraut machen (1 bis 2 Minuten). Erst 2- bis 3-mal, später 1- bis 2-mal pro Woche üben, nicht mehr als 2-mal hintereinander
 **Verloren und bringen** → Seite 44/45	Anfangs die Leine, einen Gegenstand, der Ihnen gehört und Leckerlis	Ab einem halben bis ³/₄ Jahr können Sie mit einem einfachen Spielaufbau beginnen	Ihr Hund lernt, auf Sie zu achten und selbstständig einen Gegenstand anzuzeigen	Spielaufbau über ein paar Tage ein paar Minuten üben; nicht öfter als 2-, 3-mal hintereinander, 2- bis 3-mal pro Woche

	Spiel	Das brauchen Sie	Alter des Hundes	Was trainiert wird	Spielzeiten
	**Die Schnüffelspur** → Seite 48/49	Brustgeschirr, Leine, zwei Gegenstände als Start- und Schlusskennzeichnung der Spur, Belohnung	Für dieses anspruchsvollere Spiel sollte Ihr Hund etwa ein Jahr alt sein (evtl. auch etwas jünger)	Hier lernt der Hund, eine Geruchsspur aufzunehmen und ihr konzentriert und selbstständig zu folgen	Für die Fährtenarbeit ist Geduld nötig, damit der Hund in Ruhe suchen kann. Für »Anfänger« nur kurze Spuren legen
	**Auf zur Personensuche** → Seite 50/51	Brustgeschirr, Leine, eine weitere Person, einen Gegenstand der Person; Klammern, Belohnung	Er sollte etwa ein Jahr sein, bevor Sie ihn an diese anspruchsvolle Aufgabe heranführen	Geruchssinn, Konzentrationsfähigkeit und Selbstständigkeit des Hundes	Die Suche des Hundes dauert – je nach Schwierigkeitsgrad – ein paar Minuten. Kalkulieren Sie insgesamt rund 10 bis 20 Minuten ein
	**Hindernis umrunden** → Seite 53 ff.	Leine (für Anfänger), Hindernisse zum Umrunden, Leckerlis	Ab 5 bis 6 Monate lernt der Hund, kleine Hindernisse zu umrunden	Das Umrunden eines Hindernisses und zu Ihnen zurückzukehren, erfordert Konzentration	Auch wenn es gut läuft, nicht zu oft wiederholen (1- bis 3-mal hintereinander). Lässt sich gut auf jedem Spaziergang einbauen
	**Slalom durch die Beine** → Seite 56/57	Passende Kleidung (z. B. kein Rock, Kleid oder einen langen Mantel), mehrere Leckerlis	Ab 12. bis 14. Woche. Auch Senioren erlernen den Slalom durch die Beine meist schnell	Geschicklichkeit und eine gute Teamarbeit zwischen Ihnen und Ihrem Hund	Für einen jungen Hund genügen anfangs zwei Schritte, dann drei; nur langsam steigern. Nicht öfter als 1-, 2-mal hintereinander
	**Das Hunderennen** → Seite 58/59	Ein Mitspieler mit Hund. Beide Hunde sollten sich kennen und gut verstehen; Leckerlis	Ab einem 3/4 bis einem Jahr können Sie Ihren Hund an das »Rennen« heranführen	Geduld und Konzentrationsfähigkeit des Hundes	Nur ein paar Minuten, um die Geduld des Hundes nicht zu sehr zu strapazieren. Ein oder zwei Durchgänge genügen

	Spiel	Das brauchen Sie	Alter des Hundes	Was trainiert wird	Spielzeiten
	»Bergsteigen« leicht gemacht → Seite 60/61	Eine kleine Böschung, Leckerlis	Ab einem $^{1}/_{2}$ Jahr flache Hügel, ab einem Jahr höhere Böschungen (Gelenkbelastungen!)	Die Konzentration. Der Hund lernt, Ihren Richtungsanweisungen zu folgen und Signale auszuführen	1- bis 2-mal hintereinander genügt. Anfangs 2- bis 3-mal pro Woche, später unregelmäßig.
	Durch den Reifen springen → Seite 62/63	Einen kleinen, mittel- oder normalgroßen Hula-Hoop-Reifen, Leckerlis	Ab 4 bis 12 Monate. Bei jüngeren, gelenkkranken, alten Hunden Reifen nur ca. 5 cm hoch halten	Koordination und Geschicklichkeit sind gefragt (und auch ein wenig Mut)	Höchstens 2-, 3-mal hintereinander springen lassen. Im Trainingsaufbau nur ein, zwei Minuten üben, 1- bis 2-mal pro Woche
	Das »Baumtouch« → Seite 64/65	Ein Hindernis zum Berühren (Baum, Zimmerwand), Leckerlis; Clicker und Target Stick (→ Seite 40/64)	Ab einem $^{1}/_{2}$ bis $^{3}/_{4}$ Jahr können Sie dieses Spiel mit Ihrem Hund aufbauen	Konzentration. Der Hund lernt, Ihrer Richtungsanweisung zu folgen und dort eine Handlung auszuführen	Mit Clicker und Target ein bis zwei Minuten. Einzelne Übungssequenzen nicht alle hintereinander, sondern einzeln üben
	Das High Five → Seite 69 ff.	Einen rutschfesten Untergrund, so dass der Hund sicher sitzen kann, Leckerlis	Schon ab 4 bis 5 Monaten kann der Hund dieses lustige Kunststück üben	Vor allem Geschicklichkeit. Ihr Hund lernt, seine Pfoten exakt auf Ihre Hände zu legen	Der schrittweise Aufbau kann durchaus einige Tage dauern. Pro Trainingseinheit nicht öfter als 2-, 3-mal hintereinander üben
	Die Rolle → Seite 72/73	Einen weichen Untergrund für die Rollbewegung des Hundes, Leckerlis	Ab einem $^{3}/_{4}$ bis einem Jahr (der Magen muss beim Üben leer sein → Seite 72!)	Mit Geschicklichkeit absolviert der Vierbeiner eine seitliche Rolle	Übung Schritt für Schritt aufbauen. Sequenzen nur 2-, 3-mal hintereinander. Übung nicht täglich abrufen

	Spiel	Das brauchen Sie	Alter des Hundes	Was trainiert wird	Spielzeiten
	**Sprung durch die Arme** → Seite 74/75	Einen weichen Boden, weil der Hund springt; Leckerlis	Ab 12 Monate. Nichts für Hunde mit Gelenkschäden oder Senioren	Gute Fitnessübung. Ihr Hund lernt, einen geschickten Sprung durch Ihre Arme zu absolvieren	Die » fertige« Übung dauert einige Tage, je nachdem, wie oft Sie trainieren. Nicht mehr als 2-, 3-mal hintereinander springen lassen
	**Sprung auf den Rücken** → Seite 76/77	Weichen Boden, eine zweite Person, evtl. Clicker und Target Stick (→ Seite 40/64), Leckerlis	Ab 12 Monate, damit seine Gelenke nicht vorzeitig belastet werden	Der Hund lernt, seine Sprungbewegung so zu koordinieren, dass er sicher auf Ihrem Rücken landet	Erst eine Sequenz üben, bis sie sicher funktioniert, nicht öfter als 2-, 3-mal hintereinander. Ein paar Minuten üben am Tag sind genug
	**Rückwärts gehen** → Seite 78/79	Leckerlis zur Belohnung, Clicker (→ Seite 40), evtl. eine Leine (anfangs)	Ab einem $^{3}/_{4}$ bis einem Jahr können Sie beginnen, das Rückwärtsgehen mit Ihrem Hund zu üben	Koordination und Konzentration. Wichtig: Der Hund soll gerade rückwärts gehen	Langsamer Übungsaufbau. Anfangs ein Schritt rückwärts, 1- oder 2-mal hintereinander, dann zwei, etc. Pro Woche ein Schritt mehr
	**»Twist« oder sich drehen** → Seite 80/81	Evtl. einen Clicker und Target Stick (→ Seite 40/64), Leckerlis	Ab einem $^{1}/_{2}$ bis $^{3}/_{4}$ Jahr können Sie Ihrem Hund diese Übung beibringen	Aufmerksamkeit und Koordination, außerdem Konzentration auf einen ruhigen Bewegungsablauf	Nicht länger als 20 Sekunden die einzelnen Sequenzen am Stück üben. Bis zur fertigen Drehung können einige Trainingstage vergehen
	**Sprung durch die Beine** → Seite 82/83	Weichen Untergrund, Leckerlis (oder Spielzeug), evtl. Clicker und Target Stick (→ Seite 40/64)	Ab einem Alter von $^{3}/_{4}$ bis einem Jahr. Erst dann mit dem Sprungtraining beginnen	Koordination und Aufmerksamkeit, wenn Ihr Vierbeiner auf Ihr Signal hin springt	Nicht öfter als 2-, 3-mal eine halbe bis eine Minute üben. Die fertige Übung maximal 2-, 3-mal abrufen

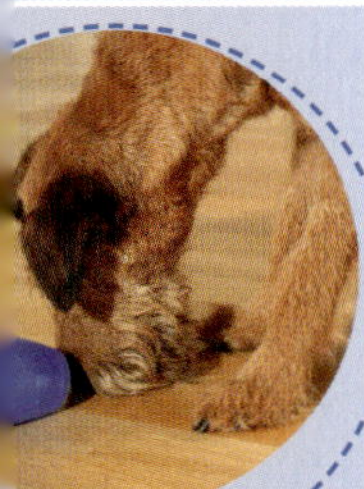

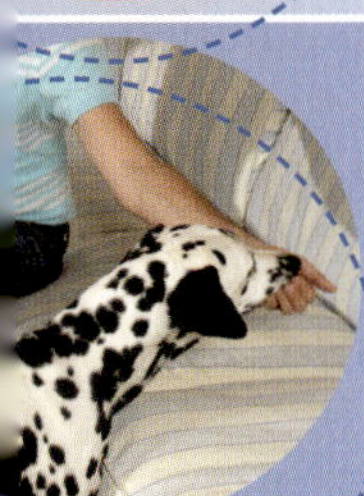

Spiel	Das brauchen Sie	Alter des Hundes	Was trainiert wird	Spielzeiten
Spielzeug aufräumen → Seite 84/85	Ein Spielzeug, Korb oder kleine Kiste, Clicker (→ Seite 40), Leckerlis	Ab einem $^3/_4$ bis einem Jahr ist Ihr Hund in der Lage, eine Handlungskette zu formen	Selbstständiges Arbeiten und Kombinationsgabe	Pro Sequenz etwa zwei bis drei Minuten üben. Nicht öfter als 3-mal hintereinander. Die fertige Übung kann mehrere Wochen dauern
Kappe vom Kopf holen → Seite 86/87	Eine Kappe mit »Schirm«, Clicker (→ Seite 40), Leckerlis	Mit einem $^1/_2$ bis $^3/_4$ Jahr können Sie dieses Kunststück mit Ihrem Vierbeiner trainieren	Koordination und selbstständiges Vorgehen, denn der Hund soll Ihnen die Kappe vom Kopf ziehen	Schritt für Schritt, ein, zwei Minuten, 2-mal hintereinander. Wer täglich 2-mal übt, kann das Kunststück in ein bis zwei Wochen lernen
Die perfekte Verbeugung → Seite 88/89	Evtl. einen Clicker oder einen Target Stick (→ Seite 40/64), Leckerlis	Ab etwa vier Monaten ist Ihr Hund so weit, dass er sich auf diese Übung konzentrieren kann	Koordination und Aufmerksamkeit in dieser Haltung zu bleiben, bis die Übung wieder aufgelöst wird	Schrittweise aufbauen, nicht öfter als 2-, 3-mal hintereinander, eine halbe bis eine Minute. Ein bis zwei tägliche Trainingseinheiten
Das Becher-Spiel → Seite 91 ff.	Mindestens zwei Becher, Leckerlis	Für diese knifflige Denkaufgabe sollte Ihr Hund ein $^3/_4$ bis ein Jahr alt sein	Dem Hund wird sehr viel Konzentration dabei abverlangt, ganz genau auf Ihre Handlungen zu achten	Üben Sie anfangs nur mit einem Becher, erst den Aufbau mit zwei (oder mehr) Bechern. 1- bis 2-mal pro Durchgang
Folge meinem Blick → Seite 94/95	Leckerlis	Für diese Aufgabe sollte Ihr Hund mindestens vier bis fünf Monate alt sein	Die Konzentrationsfähigkeit Ihres Hundes wird gesteigert	Anfangs ein bis zwei Minuten. Üben Sie nicht öfter als 2-, 3-mal hintereinander, 1-, 2-mal am Tag, jedoch nicht täglich

	Spiel/Sportart	Das brauchen Sie	Alter des Hundes	Was trainiert wird	Spiel-/Trainingszeiten
	**Finde das Richtige** → Seite 96/97	Einige Spielzeuge Ihres Hundes, die er namentlich kennt; evtl. einen Clicker (→ Seite 40)	Schon mit einem $^{1}/_{2}$ oder $^{3}/_{4}$ Jahr können Sie mit Ihrem Vierbeiner zu üben beginnen	Fördert die Kombinationsgabe und die Fähigkeit, sich auf Ihre jeweilige Ansage zu konzentrieren	Täglich eine kleine Übungseinheit einbauen. Das fertige Spiel 1- bis maximal 3-mal hintereinander
	**Ein Spiel für Tüftler** → Seite 98/99	Ein Holzspielzeug (»Intelligenzspielzeug« im Zoofachhandel), Clicker (→ Seite 40), Leckerlis	Ab etwa sechs Monaten	Genaues Beobachten, Kombinationsgabe, Konzentration und Geschicklichkeit	2- bis 3-mal hintereinander. Nicht zu oft spielen, damit das Spiel reizvoll bleibt
	**Gehe zu ...** → Seite 100/101	Mehrere Personen, die Ihr Hund namentlich kennt; Leckerlis	Für die »Erkennungsarbeit« sollte Ihr Hund etwa ein dreiviertel bis ein Jahr alt sein	Die Konzentrationsfähigkeit und das Gedächtnis	Anfangs eine halbe bis eine Minute üben, etwa 1-, 2-mal am Tag. Nicht mehr als ein, zwei Runden hintereinander
	**Zieh heraus** → Seite 102/103	Einen Futterbeutel (Täschchen) mit Leckerlis; dickere Schnur, einen tiefen Tisch, Kommode oder Ähnliches	Mit einem $^{1}/_{2}$ bis $^{3}/_{4}$ Jahr können Sie dieses kleine Kombinationsspiel trainieren	Konzentration, Geschicklichkeit und Kombinieren sind hier gefordert	Schwierigkeitsgrad langsam steigern. Nicht öfter als 2-, 3-mal hintereinander. Nicht täglich
	**Joggen und Walken** → Seite 109 ff.	Leine, Brustgeschirr, evtl. Jogging-Gurt; bei Langstrecken frisches Wasser	Kleine ab 10 Monate, mittelgroße ab einem Jahr, große ab anderthalb Jahre	Ideales Muskel- und Konditionsaufbauprogramm	Anfangs 3 bis 5 Minuten leichtes Traben, dann wieder locker Schritt gehen, dann wieder 3 bis 5 Minuten laufen etc.

Sportart	Das brauchen Sie	Alter des Hundes	Was trainiert wird	Trainingszeiten
Fahrrad fahren → Seite 112 ff.	Brustgeschirr, Leine, evtl. Fahrradsicherung, Wasser, Snack; evtl. Fahrradkorb/Fahrradanhänger	Kleine Hunde ab 10 Monate, mittelgroße ab einem Jahr, große ab anderthalb Jahre	Ideales Muskel- und Konditionsaufbauprogramm für Hunde, die Spaß am Laufen haben	Anfangs 3 bis 5 Minuten leichtes Mittraben, dann wieder locker Schritt gehen, dann wieder laufen etc.
Wandern mit Hund → Seite 116/117	Brustgeschirr/Leine, Frischwasser, kleine Futterration, Pfötchenschutz, evtl. Rucksack	Je nach Größe des Hundes ab 10 Monate, große ab ca. anderthalb Jahre (Tierarzt fragen!)	Ausdauer und Kondition, wenn ein vernünftiger Trainingsaufbau erfolgt. Das Miteinander fördert die Bindung	Anfangs genügen 15 bis 30 Minuten Wandertraining für den ausgewachsenen Hund; Tourenlänge langsam steigern
Mit dem Hund am Wasser → Seite 118 ff.	Wasserspielzeug, Handtuch, ggf. Schwimmweste; am salzigen Meer Süßwasser zum Trinken	Welpen kann man bereits spielerisch an das Wasser gewöhnen	Mit einem ruhigen und sicheren Schwimmtraining gewinnt der Hund an Kondition und Ausdauer	Schwimmtraining langsam steigern, gut trainierte Hunde dürfen länger mitschwimmen. Hund immer im Auge behalten!
Mit Hund und Pferd unterwegs → Seite 122/123	Schleppleine, Fahrrad (anfangs als »Pferdeersatz«), Leine (es gibt Spezialleinen), Leckerlis	Für Ausritte über 15 Minuten im Schritttempo sollte der Hund ausgewachsen sein	Ausdauer und Kondition, sowie die Bereitschaft, mit Ihnen zu kooperieren	Anfangs kann der Hund eine Viertelstunde nebenher gehen (an Leine, von Begleitperson geführt), später mehrstündige Ausritte
Agility → Seite 130 ff.	Spielzeug und Leckerlis für das Training; für Turnierteilnahme Begleithundeprüfung	Ab etwa 8–9 Monaten kann das Agility-Training begonnen werden	Kondition, Geschicklichkeit, Konzentration, Disziplin und Bindung zum Halter	Spielerischer Einstieg im Gruppentraining, z. B. 1 Stunde pro Woche. »Leistungssportler« trainieren öfter

	Sportart	Das brauchen Sie	Alter des Hundes	Was trainiert wird	Trainingszeiten
	**Dog-Frisbee** → Seite 134/135	Spezielle, für das Dog-Frisbee geeignete Wurfscheiben. Profisportler rüsten sich mit Schutzwesten aus	Professionelles Training mit ausgewachsenem Hund. Junghund spielerisch an Frisbee gewöhnen	Ausdauer, Geschicklichkeit, Konzentration und harmonisches Zusammenspiel mit dem Mensch	Junghund: ab und zu ein, zwei Minuten, Profitraining öfter in der Woche mit kurzen Trainingseinheiten (5 bis 10 Minuten)
	**Flyball** → Seite 136/137	Jede Menge Bälle, die es speziell für den Flyball-Sport gibt; passend zur Größe des Hundes	Leichtes Training mit dem jungen Hund. Professionelles Training mit ausgewachsenem Hund	Geschicklichkeit, Kondition und Ausdauer; Apportierfreude und Disziplin	Junghund: ein, zwei Minuten Balltraining (ohne Sprünge, nur Apportieren). Beim Profi-Training in der Gruppe 10 bis 15 Minuten pro Hund
	**Dog Dance** → Seite 140/141	Musik, Clicker, Target Stick (→ Seite 40/64), Requisiten wie Tuch oder Hut; für Aufführungen evtl. Kostüm	Spielerisches Training ab 4 Monate. Auch für ältere/gesundheitlich eingeschränkte Hunde	Der Hund lernt, sehr auf »seinen« Menschen zu achten und zu kooperieren. Sanftes Bewegungstraining	Da Dog Dance aus vielen kleinen Kunststücken besteht, kann man immer zwei, drei Minuten Training zwischendurch einlegen
	**Mantrailing** → Seite 142/143	Suchgeschirr, Spezialleine, Geruchsstoff, Versteckpersonen, Wäscheklammern (Markieren), Belohnung	Spielerisch zu üben beginnen, z. B. sich einfach! verstecken und »finden« lassen	Geruchssinn, Konzentration, enge Kooperation mit dem Hundehalter, Disziplin	Nasenarbeit ist sehr anstrengend für Hunde, deshalb genügen anfangs schon wenige Trainingsminuten
	**Obedience** → Seite 144 ff.	Leine, Clicker, evtl. Target Stick, Leckerlis, Spielzeug; für Profis: Pylonen, Bringholz, Hürde	Der Junghund kann z. B. im Verein mit einem einfachen Training beginnen	Konzentration, Kooperation, Disziplin und harmonische Körperbeherrschung	10 bis 15 Minuten, 1- oder 2-mal pro Woche. Einzelne Übungen zwischendurch üben (etwa zwei, drei Minuten)

	Sportart	Das brauchen Sie	Alter des Hundes	Was trainiert wird	Trainingszeiten
	**Fährtenarbeit** → Seite 148/149	Brustgeschirr, Leine, Gegenstände für die Fährte, Klammern/Bindfaden als Markierung, Leckerlis	Kurse bereits für Junghunde. Für die Fährtenhundprüfung muss er mindestens 18 Monate alt sein	Geruchssinn, Konzentration und Disziplin	Meist dauert das wöchentliche Training (Hundeschule/Verein) eine Stunde, in der jeder Hund ein bis drei Fährten »erschnüffelt«
	**Rettungshunde-Sport** → Seite 150/151	Viel Zeit zum Trainieren und einen gesunden, nicht zu kleinen Hund	Training nur im Verein. Junghund ab ca. 4 bis 5 Monaten, möglichst nicht älter als 3 Jahre	Geruchssinn, Koordination, Konzentration und die Bindung zum Mensch	Das Training beansprucht in der Regel mehrere Stunden pro Woche; häufige Wochenend-Workshops sind üblich
	**Schlittenhunde-Rennen und Nordic Style** → Seite 152/153	Je nach Disziplin Schlitten, Pulka und entsprechendes Zubehör. Auch mit ein oder zwei Hunden machbar	Die Ausbildung beginnt mit dem Junghund. Konditionstraining im Gespann meist ab 12 Monaten	Körperliche Kondition und eine enge Kooperation zwischen Halter und Hund	Ein zeitaufwendiges Training je nach Disziplin und Ambitionen. Kein reines Freizeitvergnügen, sondern vielmehr Lebensart
	**Turnier-Hundesport** → Seite 154/155	Sportkleidung, Leine, Motivationsspielzeug, Leckerlis	Für erste Turnierteilnahmen muss der Hund mindestens 15 Monate alt sein	Gehorsam, Motorik, Kondition und die Kooperation mit bzw. die Bindung zum Menschen	Mindestens 1-mal wöchentlich Training in der Gruppe, je nach sportlichen Ambitionen auch öfter
	**Zughunde-Sport** → Seite 156/157	Ein spezielles Zuggeschirr, professionelle Zugvorrichtung, einen Wagen	Das Wagenziehen (längere Strecken) mit ausgewachsenem Hund trainieren	Kondition, Ausdauer, Koordination und Kooperation	Zughunde-Sport wird häufig in Workshops angeboten, es gibt aber auch Vereine, die ein regelmäßiges Training anbieten

Tipps zur **Hundefotografie**

Jeder Hundebesitzer freut sich über Fotos, die seinen Hund in voller Action zeigen. Leider sind diese Fotos am schwierigsten, aber mit ein paar Tricks kommt jeder zu besseren Aufnahmen.

Schätzen Sie mal, wie viele Fotos für dieses Buch produziert wurden. Tausend – zweitausend – fünftausend? Falsch: Etwa 10000-mal habe ich auf den Auslöser gedrückt. Denn dieses Buch ist Action pur. Sitzende oder liegende Hunde finden Sie nur, wenn dies ein Teil der Übung war. Dann genügte es, zweimal auf den Auslöser zu drücken, und das Foto war im Kasten. Danach ging's wieder rund – und jeder Hundebesitzer weiß, was dies fürs Fotografieren bedeutet: Hund abgeschnitten, unscharf, von hinten, zu dunkel, zu hell – oder aber, alle Einstellungen passen, nur der Hund macht etwas völlig anderes beziehungsweise gar nichts. Dann kommt eines der Dinge ins Spiel, auf die kein Hundefotograf verzichten kann: Leckerlis. Je anspruchsvoller die Aufgaben waren, desto exquisiter wurden die Leckerlis. Die Belohnungen gingen von selbst gemachten Leberpfannkuchen, über kleine getrocknete Fischchen bis hin zu ganzen Gourmetschälchen. Aber ohne die tatkräftige Unterstützung des Hundehalters würde dennoch alles doppelt so lange dauern. Deshalb unterhalte ich mich – auch unter Zeitdruck – zunächst einmal ausführlich mit dem Hundebesitzer, um ihn für mich zu gewinnen.

Freud und Leid eines Tierfotografen

Aber dann möchte ich endlich fotografieren, schließlich kann unter anderem das Wetter schlecht werden, die Sonne zu hoch stehen oder die Hitze bald unerträglich sein ...

Im Hochsommer beginne ich so früh wie möglich zu fotografieren, denn morgens (oder ab dem späten Nachmittag) ist das Licht am besten: Die Sonne scheint noch nicht so kräftig, wodurch das Licht weicher ist. Außerdem habe ich bei geringeren Temperaturen nicht ständig Hunde mit weit heraushängender Zunge vor mir.

Letzter wichtiger Punkt vor dem eigentlichen Fotografieren ist die richtige Umgebung. Maschendrahtzäune, Hochspannungsleitungen und Häusermauern im Hintergrund können ein schönes Foto kaputt machen, also lieber ein paar Meter weitergehen und dann starten. Und zwar kniend oder liegend! Ein Tierfotograf sollte im wahrsten Sinne des Wortes auf Augenhöhe mit seinem Motiv sein. Denn, wenn Sie Ihren Hund von oben herab fotografieren, stimmen die Proportionen Ihres vierbeinigen Lieblings nicht. Bei unseren Sportfotos mit kleinen Hunden verbrachte ich daher die meiste Zeit auf dem Boden robbend.

Nun können Sie mit einer Automatik-Einstellung einfach los fotografieren, und Sie werden sicherlich

1. Ein harter Job: Auch Hundemodels haben's nicht leicht. Sioux muss zig-mal lossprinten, bevor das Foto endlich im Kasten ist. Doch immerhin wird die Gage sofort ausgezahlt – in Form von Leckerlis.

2. Achtung! Schuss!: Nach einer fröhlichen Spielpause mit Herrchen ist Sioux wieder motiviert. Er hechtet über die Hürde, und ich drücke den Auslöser. Habe ich diesmal das Titelbild im Kasten?

3. Hürde genommen: Sioux hat die Hürde übersprungen und ich habe die verschiedenen Sprungphasen fotografiert. Jetzt sind wir beide geschafft. Sioux ist zufrieden und mir tut der Rücken weh ...

den einen oder anderen gelungenen Schnappschuss erhalten. Bei Actionfotografie ist jedoch das Verständnis von Zeit und Blende, verbunden mit einer schnell auslösenden Kamera, unabdingbar.
Für das Titelfoto war zum Beispiel eine 2000stel Sekunde notwendig, um den »heranfliegenden« Hund scharf abzubilden. Etwa 50-mal sprintete »Sioux«, der Titelhund, los, zehnmal lief er allerdings an der Hürde vorbei, 15-mal sprang er nicht über die exakt vorgesehene Position, zwölf Bilder waren unscharf und auf acht Fotos schaute er komisch oder hatte die Frisbee-Scheibe verkehrt herum im Maul. Blieben also gerade mal fünf Fotos, von denen mir nur zwei richtig gefielen. Deshalb gilt in Zeiten der Digitalfotografie: Lieber erst einmal ein paar Fotos mehr machen, dann ordentlich aussortieren, und sich am Schluss über die hoffentlich gelungene Ausbeute freuen.

Register

Halbfette Seitenzahlen verweisen auf Fotos.
U1 = Umschlag vorne, **U4** = Umschlag hinten

A

Ablegen 144/145
Abspecken 162
Abkühlen der Muskulatur 168
Agility **129**, 130-133, **130**, **131**, **133**, 179, **U4**
Agility-Parcours 131
– im Garten 132
Alleinfutter 162
Am Wasser 118-121, **119**, **120**, **121**, 179
Apotheke für den Hund 167
Arbeitsgehilfe des Menschen 8
Artgenossen 8, 14, 67
Arthrose 164
Auf zur Personensuche 50/51, **51**, 174
Aufmerksamkeit des Menschen 139
Aufsicht 13
Aufwärmen der Muskulatur 168

B

Ball spielen **8**, 14
Begleithundeprüfung 127
Beifutter 162
Belastung, körperliche 164
Belohnen 46
Bergsteigen leicht gemacht 60/61, **61**, 175
Beschäftigung 9
Bewegung **13**
Bewegungsspiele 11, 52-65
  Bergsteigen leicht gemacht 60/61, **61**, 175
  Das Baumtouch 64/65, **65**, 175
  Das Hunderennen 58/59, **59**, 174
  Durch den Reifen springen 62/63, **63**, 175
  Hindernis umrunden 53-55, **54**, **55**, 174
Bewegungsspiele 11, 52-65
  Slalom durch die Beine 56/57, **57**, 174
Bindung, 14, **14**
Blutwerte 166

C

Charakter 10
Clickertraining 40, **40**, **41**
Cool down 168

D

Das Apportieren 36/37, **37**, 173
Das Baumtouch 64/65, **65**, 175
Das Becher-Spiel 91-93, **93**, 177
Das Dufttuch finden 42/43, **43**, 173
Das High Five 69-71, **70**, **71**, 175
Das Hunderennen 58/59, **59**, 174
Degenerative Erkrankungen 164
Denkaufgaben 12, 90-103
Denkspiele 12, 90-103
  Das Becher-Spiel 91-93, **93**, 177
  Ein Spiel für Tüftler 98/99, **99**, 178
  Finde das Richtige 96/97, **97**, 178
  Folge meinem Blick 94/95, **95**, 177
  Gehe zu... 100/101, **101**, 178
  Zieh heraus 102/103, **103**, 178
Der Leckerli-Loop 26/27, **26**, **27**, 172
Diätfutter 162
Die Futterbeutel-Suche 38/39, **39**, 173
Die Futterflasche 24/25, **24**, **25**, 172
Die Handtuch-Rolle 22/23, **22**, **23**, 172
Die perfekte Verbeugung 88/89, **89**, 177
Die Rolle 72, **73**, 175
Die Schnüffelspur 48/49, **49**, 174
Dog Dance 140/141, **141**, 180
Dog-Frisbee 134/135, **135**, 180
Durch den Reifen springen 62/63, **63**, 175

E

Ein Spiel für Tüftler 98/99, **99**, 178
Einfühlungsvermögen 10
Ellbogendysplasie 164
Entspannung 14
Erfahrung 10
Erfolge 14
Ergänzungsfutter 162
Ernährung 162/163, **162**, **163**
Erschöpfung 164

F

Fahrrad fahren 112-115, **113**, **114**, **115**, 179
Fahrradfahrer 67
Fährtenarbeit 148/149, **149**, 181
Fertigfutter 162
Feuchtfutter 162
Finde das Richtige 96/97, **97**, 178
Fitnesstest 165
Flyball 136/137, **137**, 180
Folge meinem Blick 94/95, **95**, 177
Freilaufender Hund 67
Futter 162/163, **162**, **163**
–, Allein- 162
–, Bei- 162
-belohnung **46**, 47, 139
–, Diät- 162
–, Ergänzungs- 162
–, Fertig- 162
–, Feucht- 162
–, Hochleistungs- 163
-, selbstgekochtes 163
–, Spezial- 163
–,Trocken- 162
Futterspiele 10, 18-27
Karton und Kissenberg 19-21, **19**, **20**, **21**, 172
Die Handtuch-Rolle 22/23, **22**, **23**, 172
Die Futterflasche 24/25, **24**, **25**, 172
Der Leckerli-Loop 26/27, **26**, **27**, 172

G

Gehe zu ... 100/101, **101**, 178
Gelenkbeschwerden 164
Geruchssinn 30
Geschichte des Haushundes 8
Gesundheitscheck 166
Gruppentraining 164

H

Hecheln 115
Hindernis umrunden 53-55, **54**, **55**, 174
Hochleistungsfutter 163
Hüftdysplasie 164
Hund
–, freilaufender 67
– im Büro 104
– und Pferd 122/123, **123**, 179
– mit Behinderung 158, **158**, **159**
Hundehäufchen 67
Hundeschule 10, 29, 41, 128
Hundesportarten 106-159
Hundesportverein 128

I

Idealgewicht 162
Intelligenz 12

J

Jagen von anderen Tieren 67
Joggen 67, 109-111, **111,** 178

K

Kappe vom Kopf holen 86/87, **87**, 177
Karton und Kissenberg 19-21, **19**, **20**, **21**, 172
Kind und Hund 28, **28**, **29**
Kinder, spielende 67

Kinderseminare 29
Knochenwachstum 166
Konzentrationsfähigkeit 90, 92
Körperliche Belastung 164
Körpersprache Klappe hinten
Kunststücke 12
Kunststücke 68-89
Das High Five 69-71, **70**, **71**, 175
Die perfekte Verbeugung 88/89, **89**, 177
Die Rolle 72/73, **73**, 175
Kappe vom Kopf holen 86/87, **87**, 177
Rückwärts gehen 78/79, **79**, 176
Spielzeug aufräumen 84/85, **85**, 177
Sprung auf den Rücken 76/77, **77**, 176
Sprung durch die Arme 74/75, **75**, 176
Sprung durch die Beine 82/83, **83**, 176
Twist oder sich drehen 80/81, **81**, 176
Kuscheln 14

L

Laune, schlechte 9
Lernen 12
-, operantes 40
-, spielerisch **9**
Loben 46
Lobwort 46

M

Mantrailing 142/143, **143**, 180
Markieren 67
Massage 169
Menschen mit Behinderung 124, **124**, **125**
Missverständnisse 28
Mitspieler, unerwünschte 67
Motivation 14, 128, 139
Muskelkrämpfe 120

N

Nasenarbeit 30
Nordic Style 152/153, 181

O

Obedience 144-147, **145**, **147**, 180
Obedience-Wettbewerbe 146
Operantes Lernen 40
Osteochondrosis dissecans 164

P

Pausen **11**, 128, 164
Pferd und Hund 122/123, **123**
Positive Verstärkung 40

R

Reitbegleithunde 123
Respekt 28
Rettungshunde 150/151, **151**, 181
Riechen 30
Rippentest 162
Rückwärts gehen 78/79, **79**, 176
Ruhephasen 13

S

Schatzsuche draußen 34/35, **35**, 173
Schatzsuche drinnen 31/32, **32**, **33**, 172
Schleppleinen-Training 67
Schlittenhunde-Rennen 152/153, **153**, 181
Schmusen **47**
Schweißdrüsen 115
Schwimmen 118
Schwimmweste 120
Schwitzen 115
Slalom durch die Beine 56/57, **57**, 174
Sozialkontakte 14

Spannung aufbauen 139
Spaziergang 9
Spezialfutter 163
Spiel als Belohnung 46, **47**
Spielbeginn 19
Spiele 16-105
Spielen 139
Spielende 19, 139
Spielende Kinder 67
Spielzeiten 19
Spielzeug aufräumen 84/85, **85**, 177
Sportarten mit Hund 9, 106-159
  Agility **129**, 130-133, **130**, **131**, **133**, 179
  Dog Dance 140/141, **141**, 180
  Dog-Frisbee 134/135, **135**, 180
  Fährtenarbeit 148/149, **149**, 181
  Flyball 136/137, **137**, 180
  Hund und Pferd 122/123, **123**, 179
  Joggen 67, 109-111, **111**, 178
  Mantrailing 142/143, **143**, 180
  Nordic Style 152/153, 181
  Obedience 144-147, **145**, **147**, 180
  Rettungshunde 150/151, **151**, 181
  Schlittenhunde-Rennen 152/153, **153**, 181
  Turnier-Hundesport 154/155, **155**, 181
  Walken 109-111, **111**, 178
  Wandern 116/117, **117**, 179
  Zughunde-Sport 156/157, **157**, 181
Sportverletzungen 166
Sprung auf den Rücken 76/77, **77**, 176
Sprung durch die Arme 74/75, **75**, 176
Sprung durch die Beine 82/83, **83**, 176
Startsignal 139
Streicheln 46
Stress 13
Stuhlgang 163
Such- und Bringspiele 11, 30-51
  Auf zur Personensuche 50/51, **51**, 174
  Das Apportieren 36/37, **37**, 173
  Das Dufttuch finden 42/43, **43**, 173
  Die Futterbeutel-Suche 38/39, **39**, 173

Such- und Bringspiele 11, 30-51

  Die Schnüffelspur 48/49, **49**, 174
  Schatzsuche draußen 34/35, **35**, 173
  Schatzsuche drinnen 31/32, **32**, **33**, 172
  Verloren und bringen 44/45, **45**, 173

T

Tätscheln 46
Toben 14
Trainingsstufen 31
Turniere 128
Turnier-Hundesport 154/155, **155**, 181
Turnierteilnahme 129
Twist oder sich drehen 80/81, **81**, 176

U

Übergewicht 166
Unterwegs mit Hund 67

V

Verein 10, 128
Verloren und bringen 44/45, **45**, 173
Vertrauen zum Mensch 15
Verstärkung, positive 40
Vokabelheft 11

W

Walken 109-111, **111**, 178
Wandern 116/117, **117**, 179
Warm up 168
Wellness 168/169
Wolf 8

Z

Zieh heraus 103/103, **103**, 178
Zughunde-Sport 156/157, **157**, 181

Adressen, die weiterhelfen

Verband für das Deutsche Hundewesen e.V. (VDH),
Westfalendamm 174, 44141 Dortmund, www.vdh.de

Österreichischer Kynologenverband (ÖKV),
Siegfried Marcus-Str. 7, A-2362 Biedermannsdorf, www.oekv.at

Schweizerische Kynologische Gesellschaft (SKG/SCS),
Postfach 8276, CH-3001 Bern, www.skg.ch

Deutscher Tierschutzbund e.V.,
Baumschulallee 15, 53115 Bonn, www.tierschutzbund.de

Deutscher Hundesportverband e.V.,
Gustav-Sybrecht-Str. 42, 44536 Lünen, www.dhv-hundesport.de

aktion tier tierrettung münchen e.V.,
Tiernotruf: 0180/5843773 (0,14 €/Min. aus dem deutschen Festnetz, abweichender Preis aus Mobilfunknetz möglich)

Fragen zur Hundehaltung beantworten

Ihr Zoofachhändler und der Zentralverband Zoologischer Fachbetriebe Deutschlands e.V. (ZZF), Tel.: 0611/44755332 (nur telefonische Auskunft möglich: Mo 12-16 Uhr, Do 8-12 Uhr), www.zzf.de

Hundeschule

Lucky Dogs - DIE Hundeschule Anja Mack, St. Emmeram, 81925 München-Oberföhring, Telefon 0177/8972412

Versicherungen

Uelzener Versicherungen, PF 2163, 29511 Uelzen, www.uelzener.de

Puntobiz GmbH, Immendorfer Str. 1, 50354 Hürth, www.tierversicherung.biz

AGILA Haustierversicherung AG, Breite Str. 6-8, 30159 Hannover, www.agila.de

Allianz, Königinstraße 28, 80802 München, www.katzeundhund.allianz.de

Adressen im Internet

Mit Hunden am Wasser: Wasserarbeitshunde, www.wasserarbeitshunde.de

Rettungshundearbeit:

Deutscher Rettungshundeverein (DRV) e.V. www.drv-rettungshunde.de

Beim Deutschen Roten Kreuz (DRK): www.drk.de/rettungshunde/rettungshundearbeit4.html

Arbeiter-Samariter-Bund Deutschland e.V.: www.asb.de (Stichwort »Rettungsdienste«, »Rettungshunde/Wasserrettung«)

Mit Hund und Pferd unterwegs:

Vereinigung der Freizeitreiter und -fahrer in Deutschland e.V. (VDF), www.vfdnet.de. Dort gibt es Informationen zu Trainingsprogrammen zum Reitbegleithund (und entsprechenden Prüfungen) sowie Informationen zu den jeweiligen Reitrechtverordnungen im Gelände.

Schlittenhunderennen und Nordic Style

Deutscher Schlittenhundesport Verband e.V.: www.dssv.org

CaniCross Bikejöring Austria, Verband für Rennsport mit Hund: www.canicross.at

Zughunde: www.zughundesport.de

Hunde mit Handicap: www.behinderte-hunde.de

Deutscher Sporthundeverband e.V., www.dsv-dog.de

Agility: www.agility.de

Mantrailing: (Informationen zum Beispiel bei den Rettungshundesport-Verbänden)

Dog-Frisbee: crazy fly'n dogs: www.crazyflyndogs.de

Ernährung: Institut für Tierernährung an der Universität Zürich, www.tierer.uzh.ch

Lehrstuhl für Tierernährung und Diätik,
Tierärztliche Fakultät der Ludwig-Maximilians-Universität
www.ernaehrung.vetmed.uni-muenchen.de

Hundesport, organisiert: (Infos über Agility, Begleithundausbildung, Fährtenarbeit, Ausbildung zur Rettungshundtauglichkeit, Training auf Vielseitigkeitsprüfungen, Turnierhundsport, Flyball, Agility, Obedience, Dog Dancing, Frisbee):

Verband für das Deutsche Hundewesen e.V., www.vdh.de

Deutscher Hundesportverband e.V.,
www.dhv-hundesport.de

Bücher, die weiterhelfen

Birmelin, Immanuel: **Schlauer Hund. So fördern Sie, was in ihm steckt.** Gräfe und Unzer, München

Bruns, Sabine und Lausberg, Frank: **Sport mit dem Hund. Der gesunde Weg zu Spaß und Erfolg.** Cadmos, Lüneburg

Calmbacher, Elke: **Agility – Spaß und Sport im Team.** Ulmer, Stuttgart

Eilert-Overbeck, Brigitte: **Hundespiele – pfiffig, spaßig, spannend.** Gräfe und Unzer, München

Feddersen-Petersen, Dorit Urd: **Ausdrucksverhalten beim Hund.** Kosmos, Stuttgart

Feddersen-Petersen, Dorit Urd: **Hundepsychologie. Sozialverhalten und Wesen; Emotionen und Individualität.** Kosmos, Stuttgart

Kaiter, Christin: **Turnierhundesport. Vom Training bis zum Wettkampf.** Cadmos, Lüneburg

Krüger, Anne: **Besser kommunizieren mit dem Hund.** Gräfe und Unzer Verlag, München

Laukner, Anne: **Hunde füttern - einfach - lecker - gesund.** Ulmer, Stuttgart

Ludwig, Gerd: **Mit dem Hund spielen und trainieren.** Gräfe und Unzer, München

Ludwig,Gerd: **Hunde Spiele-Box.** Gräfe und Unzer, München

Ludwig, Gerd: **Praxishandbuch Hunde.** Gräfe und Unzer Verlag, München

Niewöhner, Imke: **Obedience-Training Schritt für Schritt.** Kynos, Mürlenbach

Pryor, Karen: **Clicker – Positives Lernen für Hunde.** Kynos, Mürlenbach

Rau, Gisela: **Der Reitbegleithund ... so werden Hund, Pferd und Mensch ein Team!** Kynos, Mürlenbach

Schlegl-Kofler, Katharina: **Hunde-Erziehung. Das große GU Praxishandbuch.** Gräfe und Unzer Verlag, München

Schlegl-Kofler, Katharina: **Hundesprache richtig deuten & verstehen.** Gräfe und Unzer Verlag, München

Schlegl-Kofler, Katharina: **Mein Hund.** Gräfe und Unzer Verlag, München

Schmidt-Röger, Heike: **300 Fragen zum Hund.** Gräfe und Unzer Verlag, München

Schneider, Dorothee und Hölzle, Armin: **Fährtentraining für Hunde.** Kosmos, Stuttgart

Theby, Vivian: **Schnüffelstunde – Nasenspiele für Hunde.** Kynos, Mürlenbach

Weber, Nicole: **Dog Dancing.** Kosmos, Stuttgart

Wienrich, Volker: **Das große Buch der Hundekrankheiten.** Müller Rüschlikon, Stuttgart

Zeitschriften

HundeWelt Sport. Minerva Verlag

Dogs. Gruner + Jahr, Hamburg

Partner Hund. Gong Verlag, Ismaning

Wichtige Hinweise

Die Empfehlungen in diesem Ratgeber beziehen sich auf normal entwickelte, charakterlich einwandfreie Hunde. Wer einen erwachsenen Hund zu sich nimmt, muss sich bewusst sein, dass dieser bereits wesentliche Prägungen durch den Menschen erfahren hat. Er sollte den Hund besonders genau beobachten, auch in seinem Verhalten zum Menschen. Ist der Hund aus einem Tierheim, so kann dieses eventuell über die Herkunft des Hundes und seiner Eigenheiten Auskunft geben. Es gibt Hunde, die aufgrund schlechter Erfahrungen mit Menschen in ihrem Verhalten auffällig sind, vielleicht auch zum Beißen neigen. Diese Hunde sollten nur von erfahrenen Hundehaltern aufgenommen werden. Auch bei gut erzogenen und sorgfältig beaufsichtigten Hunden besteht die Möglichkeit, dass sie Schäden an fremdem Eigentum anrichten oder gar Unfälle verursachen. Ein ausreichender Versicherungsschutz ist in jedem Fall dringend zu empfehlen.

Dank

Ein Buch ist immer Teamwork. Dieses scheint mir ein besonders anschauliches Beispiel dafür zu sein: Seite für Seite zeigt es die Bereitschaft so vieler Zwei- und Vierbeiner, bei Spiel und Sport mit Leidenschaft dabei zu sein. Dafür danke ich von ganzem Herzen allen, die sich für die oft zeitaufwendigen, aber immer fröhlichen Foto-Shootings zur Verfügung gestellt haben. Dabei haben unser Titelhund »Jumping Sioux« (ein Nova Scotia Duck Tolling Retriever) und sein Besitzer Klaus Friedrich vom Verein »Hundefreunde Thann« eine besondere Erwähnung verdient. Eine artgerechte Beschäftigung mit dem Hund braucht ein gewisses Grundwissen. Die Spiele und Hundesportarten folgen außerdem einem Reglement für Fairplay und Gesundheit. Das nötige Know-how dafür haben zahlreiche Expertinnen und Experten beigesteuert. Auch dafür möchte ich auf diesem Wege noch einmal herzlich danken. Besonders erwähnt seien hier die Münchner Tierärztin Dr. Eva Demmel und Dr. Babara Schwarzmann von der Tierrettung München e.V. Jede Menge Inspiration und Geduld verdanke ich natürlich auch dem gesamten GU-Team und meiner Lektorin Gabriele Linke-Grün – so ein wunderbares Thema macht einfach allen Freude. Wie sehr das Zusammensein mit Hunden menschliche Teams beflügeln kann, habe ich außerdem in der Arbeit mit dem Fotografen Thomas Brodmann und »meiner« Hundetrainerin Anja Mack erfahren dürfen. Es hat unglaublich viel Spaß gemacht, mit ihnen gemeinsam – und oft mit meiner Irish Terrier-Hündin Amy – am Spielaufbau und der optimalen Darstellung zu tüfteln. Von Thomas Brodmanns Bereitschaft, uns auf den Spuren spielfreudiger Hunde jederzeit zu folgen und seinem Blick für den rechten Moment zeugen die zahlreichen Bilder in diesem Buch. Und ohne das lebendige Wissen, der intensiven, einfühlsamen Kenntnis der Hundeseele, der schier endlosen Geduld und dem großen Netzwerk von Anja Mack wäre das Buch so nie zustande gekommen – Danke, Anja.

Autoren

Kirsten Wolf ist freie Print-Journalistin und seit mehr als 25 Jahren begeisterte Hundehalterin. Sie schreibt regelmäßig für die Fach- und Publikumspresse, vor allem für das Hundemagazin »dogs«. Einer der Themenschwerpunkte ihrer journalistischen Arbeit ist die vertrauensvolle Beziehung zwischen Mensch und Hund. Mit ihrer dreijährigen Irish Terrier-Hündin Amy trainiert sie Spurensuche und Mantrailing sowie Obedience und Agility.

Anja Mack studierte Tiermedizin und leitet in München »Lucky dogs – Die Hundeschule«. Schon während des Studiums beschäftigte sie sich intensiv mit dem Verhalten von Hunden. Als Hundetrainerin bietet sie neben Welpensozialisierung und Grunderziehung auch Training für Fortgeschrittene an, mit einer Kombination aus Obedience, Alltagsübungen, Agility, Nasenarbeit und Kunststückchen. Viele ihrer Übungen hat sie für dieses Buch gemeinsam mit der Autorin Schritt für Schritt zum Nachmachen aufgebaut.

Zeichen**erklärung**

Geeignet für:

- Drinnen
- Draußen
- Welpe bis 6 Monate
- Junghund ab 6 Monate und erwachsener Hund

Schwierigkeitsgrad:

- Leichte Übung
- Anspruchsvolle Übung

Bildnachweis

Alle Fotos in diesem Buch stammen von Thomas Brodmann
mit Ausnahme von:

animals-digital/Hagedorn: 122, 123, 168, 179-4; Oliver Giel: 157; Manfred Knaller: 191-1, 191-2, 191-3; Ulrich Neddens: 154, 155-1, 155-2, 181-4; Picani/Steininger: 156, 181-5; Karin Stifter: 143-1, 143-2, 143-3.

Impressum

Genehmigte Lizenzausgabe für Verlagsgruppe Weltbild GmbH,
Steinerne Furt, 86167 Augsburg

Programmleitung: Christof Klocker
Redaktion: Nadja Harzdorf
Lektorat: Gabriele Linke-Grün
Konzeption: Nadja Harzdorf, Luise Heine, Gabriele Linke-Grün
Bildredaktion: Adriane Andreas, Nadja Harzdorf, Gabriele Linke-Grün
Satz: Ludger Vorfeld
Umschlaggestaltung: Diplom-Grafikdesignerin Regina Bocek, München
Umschlagmotiv: Mauritius Images
Gesamtherstellung: Typos, tiskařské závody, s.r.o., Plzeň

Printed in the EU
978-3-8289-3468-9

2013 2012 2011
Die letzte Jahreszahl gibt die aktuelle Lizenzausgabe an.

Einkaufen im Internet:
www.weltbild.de